GAMANDER LÓPEZ-CAPARRÓS JUNGMANN
UNA LÓPEZ-CAPARRÓS JUNGMANN

MOMENTS IN NATURE

KOSMOS

GAMANDER LÓPEZ-CAPARRÓS JUNGMANN
UNA LÓPEZ-CAPARRÓS JUNGMANN

MOMENTS IN NATURE

KOSMOS

Unserer Großmutter, unseren Eltern und all den Tieren in diesem Buch gewidmet.

INHALT

UNSERE LIEBE ZUR NATUR

von Una und Gamander

Bereits als wir noch in einer Altbauwohnung in der Stadt lebten, war die Natur nie weit weg. Unser kleiner Balkon war grün bepflanzt, im Innenhof hinter dem Haus standen hohe Bäume und mindestens einmal die Woche fuhren unsere Eltern mit uns in den Wald. An anderen Tagen erkundeten wir mit unserer Oma das grüne Paradies des alten Friedhofs um die Ecke.

So haben wir unsere Liebe und Aufmerksamkeit für die Natur entwickelt, und vor allem unsere Mutter hat uns von klein auf die Namen der Pflanzen und Tiere um uns herum beigebracht, wenn sie stehenblieb und mit ausgestrecktem Arm in die Umgebung deutete, um uns ein Eichhörnchen oben in den Wipfeln zu zeigen oder einen Bussard über uns am Himmel. Wir lernten, nicht nur irgendeinen Vogel zu sehen, sondern ihn genau zu bestimmen, konnten die Schmetterlinge auseinanderhalten und die Blumen am Wegesrand benennen. Es war fast, als würden wir zusätzlich zu Deutsch und Spanisch mit noch einer weiteren Sprache aufwachsen: mit der Sprache zur Bestimmung der Natur, die es uns erlaubt, unsere Umgebung aufmerksam wahrzunehmen, genau hinzugucken und uns der Vielfalt um uns herum bewusst zu werden. ***(Una)***

Vor allem durch meine Mutter hatte ich schon immer ein großes Interesse an der Natur und besonders am Beobachten von Tieren. Ich verbrachte gerne Zeit draußen und freute mich über jedes Tier, das ich entdeckte, sei es eine kleine Blaumeise oder ein Reh auf der Wiese. Was ich sah, hielt ich zunächst in einem Naturtagebuch fest, und als ich zu meinem zehnten Geburtstag von meiner Oma meine erste kleine Kamera bekam, wurde das Fotografieren und Filmen von wilden Tieren schnell zu meiner größten Leidenschaft, die mich seitdem nie mehr losgelassen hat.

Um andere an meinen Begegnungen teilhaben zu lassen, machte ich kürzere Tierdokumentationen, die ich bei Filmfestivals einreichte, und fing schließlich an, meine Arbeit auf Social Media zu teilen, um mehr Menschen erreichen und für die Natur begeistern zu können. ***(Gamander)***

In diesem Buch erzählen wir von unseren Naturbegegnungen, von Tieren und ihren Lebensräumen, und Gamander nimmt dich mit auf seine Fotoabenteuer und gibt tiefere Einblicke in seine Arbeitsweise.

Natur ganz nah –

VÖGEL AM HAUS UND IM GARTEN

GARTENVÖGEL

beobachtet von Una

← Kämpfende Buchfinkenmännchen

→ Kleiber sind die einzigen Vögel, die an Baumstämmen auch kopfunter laufen können.

WENN ICH BEI SCHÖNEM WETTER auf der Terrasse in der Sonne sitze und mein Buch lese, sind die Vögel nie weit weg. Ganz in der Nähe höre ich sie tschilpen, sie landen neben mir auf dem Geländer oder in der wilden Rose hinter mir. Die Tür ins Haus ist nur wenige Meter entfernt, und doch bin ich hier der Natur so nah wie nur selten sonst. Um mich herum herrscht reger Flugverkehr, ich höre das Wuschwusch, wenn ein Vogel anfliegt, schaue zu, wie die Meisen im Futterhaus ein paar Haferflocken aufpicken und wieder davonfliegen. Wenn ich den Kopf ein bisschen drehe, blicke ich geradewegs in die Augen des Rotkehlchens, das nur dreißig Zentimeter neben mir auf dem Geländer sitzt. Manchmal, wenn die Meisen nicht aufpassen, spüre ich fast ihre Schwungfedern im Gesicht. Hier bei meiner Familie auf der Terrasse treffen Mensch und Tier aufeinander, und ich habe das Gefühl, dass ich nur die Hand ausstrecken bräuchte und wir würden uns berühren.

DIE NATUR VOR DER HAUSTÜR

Als Gamander und ich acht und zehn Jahre alt waren, sind unsere Eltern mit uns aus der Innenstadt an den Stadtrand gezogen. Anstatt der drei Linden, die bei uns den Platz vor unserer Wohnung beschatteten, stand jetzt eine alte Eiche unserem Fenster gegenüber, und dort, wo wir vorher außer den Linden nur Gebäude sehen konnten, waren jetzt in der Umgebung so viele Bäume, dass wir sie gar nicht alle zählen konnten. Es war kein sonderlich weiter Umzug, aber zum ersten Mal hatten wir einen kleinen Garten, und nach vorne und hinten begann sofort die Natur.

UNSER TIPP
Zur Gefiederpflege gehört ein regelmäßiges Bad, wie es der Eichelhäher hier nimmt. Durch das Aufstellen flacher Wasserschüsseln hilfst du den Vögeln und kannst das witzige Geplantsche selbst beobachten.

Von der Haustür aus müssen wir nur einige Meter gehen, um zwischen den Bäumen des Waldes zu stehen, und nach hinten hinaus grenzt weder Mauer noch Zaun unser Grundstück ab, sondern ein kleiner Bach, den man immer leise plätschern hört. Durch diesen lässt es sich wunderbar einige Meter mit Gummistiefeln waten, bevor er wieder in die Kanalisation verbannt wird. Für gewöhnlich misst er an den tiefsten Stellen maximal dreißig Zentimeter, bei starkem Regen schwillt er jedoch in wenigen Minuten zu einem kleinen reißenden Flüsschen an. Eine Erinnerung an die unkontrollierbare Gewalt der Natur fließt so direkt hinter unserem Gartentor entlang. In ständigem Wandel schwemmt das Wasser Steine an und andere davon und trägt immer mehr vom Ufer ab, sodass der Bach und dessen schmale Uferböschungen jedes Jahr etwas anders aussehen.

Mit Hilfe eines Metallsteges gelangen wir auf die andere Bachseite, wo Nachbarn sich einen Garten angelegt haben, und direkt dahinter erstreckt sich ein sumpfiges Gebiet, das hoch zu einer Wiese führt, die wiederum von Wald gesäumt ist. Darin verläuft die Zugtrasse nach Belgien. Auf der Wiese wälzen die Wildschweine regelmäßig große Flächen Grassoden um, und die Maulwürfe befördern haufenweise Erde ans Tageslicht. Da die Wiese zum Landschaftsschutzgebiet erklärt wurde, wird hier nur zwei Mal im Jahr gemäht, und sie wird nicht intensiv landwirtschaftlich genutzt. Aber auch der vereinzelte Traktor hat bereits eine Ringelnatter unter die Räder bekommen, die wir nach dem Mähen tot zwischen dem geschnittenen Gras fanden. Trotz regelmäßiger Ansitzjagden trauen sich die Rehe aus der Deckung, äsen auf der Wiese oder laufen durch den Sumpf. Letztes Jahr sah es so aus, als hätte eine Ricke ihr Kitz dort im Weidendickicht versteckt.

GARTEN VOLLER ARTEN

Obwohl unser Garten klein ist, beginnt die Natur für uns nicht erst hinter dem Grundstück oder nach vorne hinaus im Wald auf der anderen Straßenseite. Ein Maulwurf entscheidet sich manchmal dazu, auch in unserem Garten hügelweise Erde an die Oberfläche zu befördern, sodass vom Rasen nicht viel übrigbleibt – insbesondere, als wir noch Kaninchen hatten und diese sich eine Freude daraus

machten, dem Maulwurf hinterher zu buddeln. Wenn ich im Garten oder auf der Terrasse in der Sonne sitze und lese, ist das Summen von Hummeln, Bienen und Schwebfliegen ein steter Begleiter. Im Frühling finden sie in Traubenhyazinthen und Narzissen Nektar, im frühen Sommer blühen die wilden Rosen, später der Beinwell und anschließend die Herbstastern. Immer wieder kommt auch ein Schmetterling vorbei, und in den an der Terrasse befestigten Insektenhotels bereiten Mauerbienen, Faltenwespen und andere Arten Brutkammern für ihre Larven vor und verschließen die Löcher anschließend mit Lehm. Am Boden huscht ab und zu eine Maus entlang, und besonders freuen wir uns, wenn wir die Spitzmäuse sehen, die mit ihrem rüsselartigen Schnäuzchen, den langen Schnurrbarthaaren und den winzigen Augen etwas ganz Besonderes an sich haben. Kröten und Frösche treffen wir häufiger an, und einmal auch eine Eidechse.

Das zeigt, dass du, um Natur und wilde Tiere zu sehen, nicht gezwungenermaßen weit gehen oder gar in fremde Länder reisen musst, die Natur kann direkt vor der Haustür beginnen. Du musst nur genau hinschauen. Zwar gibt es bei uns vielleicht durch die direkte Nähe zum Wald besonders viele Tierarten, aber auch, als wir noch in der Stadt lebten und nur einen kleinen Balkon hatten, hatte unsere Mutter ihn so grün bepflanzt, dass zum Beispiel in einem Frühjahr ein Amselpaar im Balkonkasten direkt neben der Küchentür nistete.

VOGELFÜTTERUNG

Vögel zu füttern ist eine einfache Methode, Tiere in deine Nähe zu locken und ihnen zu helfen. Unsere Oma füttert schon immer die Vögel auf ihrer Terrasse, wo man sie durch die großen Fenster wunderbar beobachten kann. So lange ich mich erinnere, gehören die Vögel, wenn wir sie besuchen gehen, dazu. In regelmäßigen Abständen muss Vogelfutter nach draußen gebracht werden, und immer, wenn ich aus dem Fenster gucke, sitzt mindestens ein Star, ein Spatz oder eine Ringeltaube im Futterhaus, auf dem Geländer oder in den umliegenden Bäumen und Büschen. Als wir noch in der Innenstadt lebten, konnten wir lange Zeit selbst keine Vögel füttern, und so war der Besuch bei unserer Oma auch in dieser Hinsicht immer etwas Besonderes.

Umso mehr freuten wir uns, als wir an den Stadtrand zogen und nun selbst eine Terrasse hatten. Sofort fingen auch wir mit dem Vogelfüttern an und mittlerweile sind die Vögel nicht mehr wegzudenken. Sie wissen das Öffnen und Schließen der Tür nicht nur mit dem Nachschub an Futter, sondern auch mit dem Kommen und Gehen der Katze abzupassen. Mit den Jahren sind sie immer zutraulicher geworden und kommen mittlerweile auch ans Vogelhaus, wenn wir selbst draußen auf der Terrasse sitzen. Sie erschrecken sich nur noch ab und zu, wenn sie plötzlich doch merken, wie nah sie uns gekommen sind. Das Treiben der Vögel beschränkt sich jedoch nicht nur auf den Balkon. Auch im Garten hüpfen sie umher, bedienen

→ Beim Gimpel oder Dompfaff leuchtet das Männchen hellrot, das Weibchen ist blassrosa.

↓ Haussperlingsmännchen im Flug; Sperlinge heißen auch Spatzen.

sich im Sommer an unseren Johannisbeeren und im Winter fressen sie die Hagebutten der Wildrosen. Wenn sie gerade nicht bei uns sind, kann ich immer einen Vogel in der Eiche entdecken. Der Specht hängt am Stamm und hackt in der Rinde nach Larven, die Meisen finden zwischen den Blättern kleine Raupen und Insekten. Außerdem nehmen auch viele unserer Futterhausbesucher Haferflocken mit in die Eiche und verspeisen sie dort mit mehr Ruhe in sicherer Deckung. Ihr Laub verbirgt die Vögel vor Angreifern wie Habichten und Sperbern und bietet einen strategischen Anflugplatz, von dem aus sie das letzte Stück bis auf unsere Terrasse zurücklegen können.

UNSER TIPP
Durch das Vogelfüttern kannst du vielen Arten nahekommen und auch gut fotografieren.

← Erlenzeisig

EIN GUTER START

An Orten mit etwas Grün in der Umgebung oder dort, wo du ab und zu einige Vögel herumfliegen siehst, lohnt es sich jederzeit, mit dem Füttern anzufangen. Es kann einige Tage dauern, bevor die Vögel die neue Nahrungsquelle entdecken, meistens haben sie sie jedoch schon nach wenigen Stunden spitz, da sie ihr Umfeld sehr genau im Auge haben. Mit der Zeit kannst du dann, wenn du dich ruhig verhältst, die Vögel wunderbar beobachten. Eine Stelle, die du von drinnen durch ein Fenster einsehen kannst, eignet sich besonders gut, da sich die Vögel so sicherer fühlen und du trotzdem einen uneingeschränkten Blick auf sie hast. Plötzliche und ruckartige Bewegungen können die Tiere jedoch jederzeit erschrecken und du solltest dich insgesamt vorsichtig bewegen.

Die Vogelfütterung ist ein guter Weg, um der Natur um uns herum näher zu kommen und sie besser kennenzulernen. Am Futterplatz lassen sich die Arten einfach beobachten und bestimmen, und so kannst du, wenn du draußen unterwegs bist, die Vögel auch im Wald wiedererkennen und dein Wissen immer mehr erweitern. Auch Vogelstimmen kannst du auf diese Weise lernen. Siehst du, welcher Vogel welche Laute macht, reicht dir in anderer Umgebung allein die Art des Gesangs, um zu wissen, welcher Vogel es ist, auch wenn du ihn gerade vielleicht nicht sehen kannst.

Man hört zwar immer wieder kritische Stimmen zum Thema Vogelfütterung, insbesondere in Bezug auf die Ganzjahresfütterung, die Sorge, dass die Vögel dadurch abhängig von Menschen werden und selbstständige Nahrungsbeschaffung verlernen, ist jedoch unbegründet. Es handelt sich immer nur um ein Zufüttern, das die Vögel in schwereren Zeiten, wie zum Beispiel während der Wintermonate oder während der Jungenaufzucht, entlasten kann. Ein kritischer Punkt ist allerdings die Gefahr der Übertragung von Krankheiten, da die Vögel an Futterstellen in so großer Anzahl aufeinandertreffen. Geeignete Behälter, wie Silos für Meisenknödel oder andere hängende Spender, können für mehr Hygiene sorgen. Außerdem solltest du die Futterplätze regelmäßig reinigen, zum Beispiel, indem du sie mit heißem Wasser desinfizierst.

FUTTERHAUSBESUCHER

Bestimmte Vogelarten besuchen besonders häufig Futterstellen und tauchen vielleicht auch bei dir auf. Diese Vögel möchten wir dir hier vorstellen.

Meisen

↖ Kohlmeise
↗ Tannenmeise
← Blaumeise
→ Haubenmeise
↙ Schwanzmeise
↘ Sumpfmeise

Blaumeisen und Kohlmeisen gehören zu den am weitesten verbreiteten Meisenarten in Deutschland und sind häufig gesehene Besucher am Futterhaus. Die Blaumeise mit ihrer namengebenden blauen Haube ist etwas kleiner und zierlicher als die Kohlmeise, die an ihrer schwarzen Haube zu erkennen ist. Bei uns auf der Terrasse gehören die Blau- und Kohlmeisen zu den unerschrockensten Besuchern. Sie haben sich als erste mit uns auf die Terrasse getraut, und manchmal, wenn wir den Futtertopf drinnen neben der geöffneten Terrassentür stehen lassen, kommen sie sogar durch die Tür ins Haus geflattert. Erst vorsichtig mit mehreren Anläufen und dann fliegen sie immer selbstsicherer durch die Tür, landen auf dem Topfrand, picken sich die Haferflocken, die wir für ihren Geschmack nicht schnell genug nachfüllen, und verschwinden wieder nach draußen.

Durch die Nähe zum Wald kommen bei uns neben den zwei typischen Arten aber auch andere Meisen zum Fressen. So etwa vereinzelt eine Tannenmeise, die ähnlich wie die Kohlmeise eine schwarze Haube hat, allerdings mit einem weißen Streifen, und die deutlich kleiner ist und ein schlichteres gelblichgraues Gefieder hat. Die Haubenmeise ist ähnlich klein, aber hauptsächlich hellbraun gefärbt mit schwarzweiß gestreiften Kopffedern, die sie, wie ein Kakadu, zu einem spektakulären Kamm aufstellen kann. Auch die Sumpfmeise mit braunen Federn, einer hellen Färbung um Bauch und Kopf und einer tiefschwarzen Haube lässt sich manchmal blicken.

Die Schwanzmeisen wiederum, wie ihr Name schon andeutet, unterscheiden sich mit ihrem überproportional langen Schwanz, von fast doppelter Körperlänge, deutlich von den übrigen Meisenarten. Wissenschaftlich gehören sie auch nicht zu den Meisen, sondern bilden eine eigene Familie. Ihr Körper wirkt rundlicher. Mit ihren kleinen schwarzen Äuglein und dem winzigen Schnabel sehen sie manchmal wie flauschige Federbälle am Stiel aus. Während sich auch die anderen Meisenarten nicht an Artgenossen stören und sich in größerer Zahl am Futterhaus aufhalten, ziehen die Schwanzmeisen, insbesondere im Winter, ausschließlich in kleinen Gruppen umher. Ihre fiepsigen Laute, mit denen sie ständig untereinander Verbindung halten, verraten, wenn sie in der Nähe sind. Lange Zeit sind die Schwanzmeisen nur ab und zu, vor allem in den Wintermonaten, bei uns vorbeigekommen, aber im letzten Frühjahr war ein Schwanzmeisenpärchen regelmäßig zu Gast auf unserer Terrasse. Wahrscheinlich haben sie sich in der Nähe zum Nestbau niedergelassen.

Amseln

Amseln sind wesentlich größer als Meisen. Besonders im Schnee fällt das Amselmännchen mit seinem schwarzen Gefieder und dem orangegelben Schnabel schnell auf, während das Weibchen ein schlichtes braunes Federkleid trägt und einen braungefärbten Schnabel hat. Im Frühling, wenn die Amseln mit der Jungenaufzucht alle Schnäbel voll zu tun haben, kommen sie manchmal bereits mit Regenwürmern beladen an. Diese panieren sie dann noch schnell mit Haferflocken, bevor sie damit nicht weit entfernt irgendwo im Gebüsch ihre Jungen füttern. Dabei kann es vorkommen, dass der ein oder andere Wurm im Futterhaus liegen bliebt, ein willkommener Leckerbissen für den nächsten Besucher. Amseln können recht unerschrocken sein und, wenn ihnen etwas nicht gefällt oder wenn Gefahr droht, laut schimpfen und die anderen warnen. In lauen Frühlingsnächten oder vor nahendem Regen können sie aber auch wunderschön singen.

Rotkehlchen

Die Rotkehlchen dagegen sind deutlich kleiner als die Amsel, zierlicher und sehr neugierig. Bei uns halten sie sich meist abseits vom großen Trubel und picken lieber auf, was die anderen Vögel fallengelassen haben. Die Art und Weise, wie sie nach einer Haferflocke schnappen, erinnert daran, dass sie eigentlich auf Insekten spezialisiert sind. Die hellrote Kehle in dem ansonsten hellbraunen Gefieder, die großen dunklen Knopfaugen und der elegante Körperbau mit langen dünnen Beinen kennzeichnen die sehr schönen Vögel. Oft werden sie mit dem Winter in Verbindung gebracht, weil ihre Färbung im Schnee besonders gut zur Geltung kommt; sie sind jedoch das ganze Jahr über in Deutschland zu Hause und im Frühjahr kann man ihre Balz beobachten. Stolz recken die Männchen dann ihre rote Brust hervor.

Kleiber

Der Kleiber ist, da er in Baumhöhlen nistet, hauptsächlich ein Waldbewohner. Daher kannst du ihn eher am Stadtrand oder in Parkanlagen mit größeren Bäumen beobachten. Bei uns gehört er zu den unerschrockenen Besuchern am Futterhaus. Schnell hat er sich von uns nicht stören lassen und im Frühjahr unbeirrt seinen langen kräftigen Schnabel ordentlich mit Haferflocken vollgepackt, um seine hungrigen Jungen zu füttern. Kleiber haben einen langgestreckten Körperbau, kurze Beine und kräftige Zehen, mit denen sie sich an Baumstämmen festhalten können. Als einziger Vogel bei uns können Kleiber sogar kopfunter die Bäume entlanglaufen. Die Unterseite ihres Gefieders ist aprikosenfarben, während die Oberseite ein helles, leicht gräuliches Blau hat. Auffällig sind auch die schwarzen Striche, die vom Schnabel aus über die Augen gehen, und sie ein bisschen wie Banditen aussehen lassen.

↑ Das Amselmännchen hat ein schwarzes Gefieder und einen leuchtend orangefarbigen Schnabel.

→ Ein zutrauliches Rotkehlchen

← Mittelspecht

→ Buntspechtweibchen

↘ Buntspechtmännchen, zu erkennen an der roten Markierung am Hinterkopf

Spechte

Auch der Buntspecht gehört zu den Waldbewohnern und ist einer der auffälligeren Vögel am Futterhaus. Männchen und Weibchen haben beide ein schwarz-weißes Gefieder und eine rote Färbung am Schwanzansatz, aber nur das Männchen hat einen roten Streifen am Hinterkopf, während die Haube des Weibchens ganz schwarz ist. Ihre Jungen dagegen haben eine ganz rote Haube, die sie erst nach der ersten Mauser ablegen. Spechte sind sehr vorsichtig und vergewissern sich am Futterhaus hängend mehrmals, dass keine Gefahr von Greifvögeln droht, bevor sie sich hinein beugen. Wenn das Häuschen einmal leer sein sollte, klopfen die Spechte auch schon mal an unserer Terrasse herum, um auf den fehlenden Nachschub aufmerksam zu machen. Im Frühjahr packen sie sich ihre Schnäbel ordentlich mit Haferflocken voll, machen Müsliriegel, wie unsere Mutter sagt. Mit ihrem langen kräftigen Schnabel können sie sich außerdem gut durchsetzen und picken dem ein oder anderen frechen Star schon mal auf den Kopf.

Auch der etwas weniger verbreitete Mittelspecht kommt bei uns zum Fressen vorbei. Mit einem geübten Auge kannst du den Mittelspecht vom Buntspecht unterscheiden, weil er etwas kleiner ist und wie die jungen Buntspechte eine ganz rote Haube hat. Zwar ist auch sein Gefieder schwarz-weiß gefärbt, aber die Bauchunterseite des Mittelspechts hat einen gelblichen Stich und ist von einzelnen dunkleren Federn gesprenkelt. Bei uns war der Mittelspecht lange Zeit so übertrieben vorsichtig, dass ich selbst vom Zugucken ganz nervös wurde. Nach jeder Landung hat

er stundenlang hin- und hergeguckt, um die Lage abzusichern, bis er schließlich zwei Haferflocken aufgepickt hat, um dann doch sofort wieder wegzufliegen. Und das, obwohl die ganze Familie, sobald der Mittelspecht im Anflug war, im Wohnzimmer erstarrte, um ihn ja nicht zu erschrecken. Doch auch der Mittelspecht ist mutiger geworden und holt sich, während ich gerade das hier schreibe, neben mir Haferflocken aus dem Futterhaus und fliegt auch nicht weg, als ich mich zu ihm umdrehe. Er schaut mich nur kurz an, wippt einmal mit dem Kopf und pickt weiter.

Stare

Bei unserer Oma in den Außenbezirken der Stadt kommen besonders die Spatzen, Ringeltauben und Türkentauben. Und dann sind da noch die Stare. Manchmal treten sie paarweise auf, aber wenn sie sich im Spätsommer und Herbst zu großen Schwärmen zusammentun, um von Obstplantage zu Obstplantage zu ziehen, lassen sie sich auch immer wieder in riesigen Scharen bei unserer Großmutter auf der Terrasse nieder und haben in wenigen Minuten alles leergepickt. Das sieht nicht nur spektakulär aus, sondern kann auch ganz schön laut sein, denn die Stare scheinen sich ständig etwas zu erzählen. Schmutz hinterlassen sie natürlich auch zur Genüge. Auf den ersten Blick wirkt das Gefieder der Stare unscheinbar, aber wenn die Sonne darauf scheint, sieht man die braunen bis dunkelgrauen Federn blau, grün und lila metallen schimmern, fast so, als hätten sie eine Rüstung an.

Zaunkönige

Auch Vögel, die sich ganz von Insekten ernähren und kein Körnerfutter annehmen, lassen sich bei uns auf der Terrasse blicken. Zilpzalp und Zaunkönig picken zwischen den Pflanzen und unter den Blättern nach kleinen Insekten und Spinnen. Der Zaunkönig ist winzig klein mit einem spitzen Schnabel und braungesprenkeltem Gefieder. Sein Erkennungsmerkmal ist der gerade nach oben gerichtete kurze Schwanz. Trotz seiner geringen Größe kann er sehr laut und schön singen. Bei uns hüpft er regelmäßig im Garten herum, und vor allem im oft stark von Blattläusen befallenen Jelängerjelieber findet er Nahrung. Er hat schon mehrmals versucht, bei uns zu nisten, und dieses Jahr hat er es endlich in einem von Efeu überwachsenen Hochbeetpfahl geschafft. Anfang des Frühjahrs konnten wir beobachten, wie er sich vom Stamm der Eiche am Bach Moos abgezupft hat und unzählige Male hin und her geflogen ist, um im Efeu versteckt seine Nestkugel zu bauen. Später, als die Jungen geschlüpft waren, drang aus dem Efeu ein lautes Ziepen, sobald der Zaunkönig mit Futter angeflogen kam und so schnell zwischen den Blättern verschwunden war, dass man genau hingucken musste, um ihn wahrzunehmen.

→ Ringeltaube
↓ und Star im Anflug, im Gegenlicht kann man jede einzelne Schwungfeder erkennen.

In diesem Jahr
hat der Zaunkönig,
der im Verhältnis zu
seiner Größe sehr
laut singen kann,
bei uns gebrütet,
was uns sehr
gefreut hat.

Una

AN FUTTERSTELLEN VÖGEL FOTOGRAFIEREN

von Gamander

MIT MEINER ALLERERSTEN KAMERA waren die Vögel am Futterhaus meine ersten Motive, und immer noch macht mich wenig glücklicher als die ganzen Vögel, die sich zu Hause auf unserer Terrasse und im Garten tummeln. Es macht viel Spaß, wenn man gar nicht groß auf jemanden warten muss, sondern gleich loslegen und sich dabei mehr auf das Fotografieren selbst konzentrieren kann. Wenn ich große Lust zum Fotografieren habe, aber eigentlich andere Sachen tun muss, sitze ich gerne im Wohnzimmer und versuche, durch das Fenster die auftauchenden Vögel zu fotografieren. So habe ich früher zum Beispiel am Tisch Hausaufgaben gemacht, aber sobald draußen der Mittelspecht auftauchte, griff ich zur Kamera neben mir und vergaß das, was ich eigentlich tun musste.

Bei anderen Gelegenheiten, zum Beispiel wenn ich nach einem langen Tag am Laptop doch noch einmal nach draußen möchte, gehe ich auch gerne auf den Balkon und versuche, die Vögel am Futterhaus zu fotografieren. Meistens setze ich mich dafür einfach so auf die Bank und bemühe mich, Bewegungen zu vermeiden. Obwohl die Vögel sich normalerweise nicht von uns stören lassen, werden sie, sobald ich komische Apparate und Gestelle dabeihabe, misstrauisch, und es dauert etwas, bis sie sich an all das gewöhnen. Bei einer unbedachten Bewegung fliegen alle weg und danach dauert es wieder einige Minuten, bis sich langsam erst die Meisen wieder zurück trauen, darauf folgen meist die Rotkehlchen, der Kleiber und mit etwas Glück der Buntspecht. Besonders Letzterer ist aber sehr vorsichtig, und deshalb benutze ich auch häufiger ein Tarnnetz, das dabei hilft, meine Bewegungen zu verbergen, und es vereinfacht, an gute Fotos zu kommen. Eine große Herausforderung ist es immer, Vögel im Flug einzufrieren. Dafür verbringe ich häufig viele Stunden auf der Terrasse und mache tausende Fotos, bis ich eines bekomme, mit dem ich zufrieden bin.

Es gibt aber auch einige Vogelarten, insbesondere die Kernbeißer, Bergfinken, Grünfinken, Gimpel und Erlenzeisige, die sich selten zu uns auf die Terrasse trauen, jedoch auf der anderen Bachseite im Nachbargarten durchaus an die Futterstelle kommen. Um sie zu fotografieren, gehe ich gerne rüber und baue dort ein richtiges Tarnversteck auf. Das lasse ich dort einige Tage stehen, und erst, wenn sich die Vögel daran gewöhnt haben, lege ich mich hinein. Für diese Arbeit wähle ich stets ein Liegeversteck, da die Finkenarten das Futter gerne vom Boden aufnehmen. Die Ergebnisse sehen besonders schön aus, wenn man die Vögel auf Augenhöhe einfängt. In dieses Versteck gehe ich am liebsten in den Morgenstunden, da sich alle Vögel am Anfang des Tages erst mal stärken müssen und dadurch dann besonders viel Betrieb herrscht.

Die Meisen sind immer als Erstes vor Ort. Blau- und Kohlmeisen landen auf dem Boden, schnappen sich ein Samenkorn und fliegen wieder hoch in die Äste, um es dort aufzupicken. Hier lässt sich auch die Sumpfmeise häufig blicken. Das Rotkehlchen gerät oft in Streitigkeiten mit einem Artgenossen. Die Amseln hüpfen aus dem Gebüsch und springen an der Heckenbraunelle vorbei, die fast so aussieht, als würde sie äsen, so beständig hat sie das Köpfchen beim Herumpicken am Boden. Die ersten Finken, die auftauchen, sind stets die Buchfinken, die meist in einer größeren Gruppe auf dem Boden hin- und hertippeln; und immer wieder kommt dabei einer so nah an meinem Versteck vorbei, dass ich nur die Hand austrecken bräuchte, um ihn zu berühren. Mit einem wunderschön klingenden Flöten kündigen sich die Dompfaffen, auch Gimpel genannt, an, dabei sitzen sie immer in den Bäumen ganz in der Nähe und beobachten noch vorsichtig die Situation. Deswegen heißt es für mich, mich absolut mucksmäuschenstill zu verhalten und die Kamera so wenig und so langsam wie möglich zu bewegen, wenn ich sie höre. Denn nur so habe ich eine Chance, dass sich die sehr schüchternen und wunderschönen Gimpel heruntertrauen und vor meinem Versteck landen.

Und das Beste ist, dass die Gimpel häufig nicht allein kommen, denn wenn sie sich zur Futterstelle trauen, wissen auch die anderen, dass es sicher ist. Bergfinken und Erlenzeisige landen, und mit einem nicht zu verkennenden lauten Flügelschlagen tauchen plötzlich aus dem Nichts auch die Kernbeißer auf. Diese Vögel mit ihren großen und kräftigen Schnäbeln haben mich schon immer unfassbar fasziniert und sind stets das Highlight eines Fotoansitzes. Wenn die Kernbeißer kommen, war es ein guter Tag, denn es ist immer wunderschön, diese Vögel durch das dünne Tarnnetz vor meinem Versteck zu beobachten, und noch besser, sie durch den Sucher meiner Kamera zu sehen, bevor ich auslöse. Mit etwas Glück lässt sich hier auch ab und zu ein Eichhörnchen blicken, das sich aber stets äußerst vorsichtig verhält.

DEINE KAMERA UND EIN WENIG GEDULD: Mehr ist meistens nicht nötig, wenn du Vögel an einer Futterstelle fotografieren willst. Dabei ist zu empfehlen, die ersten Vögel zunächst ungestört fressen zu lassen, damit sie merken, dass du keine Gefahr bist. Als Experiment habe ich auch einmal ein Futterhaus fünf Meter hoch in einem Baum montiert, sodass ich Vögel, die über einen Ast darauf zukamen, von unten mit Hilfe eines ferngesteuerten Auslösers fotografieren konnte.

UM VÖGEL AN DER FUTTERSTELLE zu fotografieren, kann es manchmal auch helfen, sich zu verstecken. Eine andere Methode ist, eine Kamera mit Weitwinkelobjektiv aufzustellen und mit einem Fernauslöser zu bedienen.

UNSER TIPP
Nistkästen hängst du am besten bereits im Winter auf, da die Immobiliensuche bei Vögeln schon früh im Jahr beginnt.

HILFE DURCH NISTKÄSTEN

von Una

In unserem sehr kleinen, aber möglichst naturfreundlich und naturbelassen angelegten Garten brüten jedes Jahr mehrere Vogelpaare. Zaunkönig und Rotkehlchen versuchen es immer wieder. In der Kletterpflanze über unserer Haustür nistet regelmäßig ein Amselpaar. Andere Vögel, wie etwa die verschiedenen Meisenarten und der Kleiber, sind Höhlenbrüter. Durch den Mangel an alten Bäumen, in die sich Astlöcher fressen konnten oder in denen sich alte Spechthöhlen befinden, wird es vielerorts jedoch immer schwieriger, einen Nistplatz zu finden. Durch das Anbringen von Nistkästen kannst du vielen Vogelarten einen Ersatz bieten, den sie meist dankbar annehmen.

Nistkästen für Blau- und Kohlmeisen lassen sich einfach montieren und müssen nicht allzu hoch befestigt sein. Wichtig ist, dass der Platz nicht in der prallen Sonne liegt, damit es im Sommer im Nistkasten nicht zu heiß wird. Er muss auch nicht unbedingt an einem Baum angebracht sein, sondern höhere Zaunpfähle oder eine Hauswand eignen sich ebenso gut. Auch kannst du ruhig mehrere Nistkästen aufhängen, zwar nicht direkt nebeneinander, aber die Reviere können sich ruhig überschneiden. Meine Familie hat einen Nistkasten bei uns am Terrassenpfosten, in den meistens die Blaumeisen ziehen, und direkt auf der anderen Bachseite hängt ein weiterer, den für gewöhnlich die Kohlmeisen für sich beanspruchen. Es liegen nur wenige Meter Fluglinie zwischen den beiden, aber durch das reichlich vorhandene Nahrungsangebot stören sie sich nicht aneinander.

JUNGVÖGEL IM FRÜHLING

Im späten Frühjahr, wenn die Jungen geschlüpft sind und ihr Nest verlassen haben, ist auf unserer Terrasse und am Futterhaus immer besonders viel los. Zu Anfang sitzen die Jungen häufig noch ein paar Meter entfernt in der Eiche und die Elterntiere fliegen für sie hin und her, aber bald darauf kommen die Jungen mit zu uns auf die Terrasse, sodass den Eltern zumindest der längere Flugweg erspart bleibt. Die jungen, blassgelben und noch etwas fluffigeren Kohl- und Blaumeisenküken sitzen auf den Stangen des Geländers und warten darauf, dass ihre Eltern sie füttern, und wenn es ihnen zu langsam geht, wird lauthals gebettelt. Noch sind sie sehr neugierig und müssen die Scheu vor den Menschen zum Teil erst lernen. Die jungen Stare sind besonders laut und frech. Mit weit aufgerissenem Schnabel schreien sie nach Essen und sitzen dabei nur wenige Zentimeter vom Futterhaus entfernt. Trotzdem lassen sie sich den Schnabel lieber von ihren Eltern vollstopfen. Das Jugendkleid der Stare ist von einem schlichten Graubraun, jedoch reichen sie in der Größe bereits an ihre Eltern heran. Bei den Amseln wirken die Jungen fast größer als Mutter und Vater, und trotzdem betteln auch sie mit den Flügeln zitternd noch lange nach etwas zu fressen. Wenn sie jung sind, tragen alle Amseln noch ein braunes Gefieder.

Die Rotkehlchen sind wie ihre Eltern etwas zurückhaltender. Die Jungtiere haben ein schlichtes braun gesprenkeltes Federkleid, und warten meist unter dem Tisch oder in einer Ecke darauf, dass ihre Eltern ihnen eine Kleinigkeit zu essen bringen. Die Jungen der Buntspechte dagegen sind sehr laut. Im Wald hört man sie schon von weitem aus ihrer Höhle nach Futter schreien, einmal aus dem Nest, verhalten sie sich nicht unauffälliger. Sie betteln nicht nur weiterhin lauthals, sondern zanken sich auch andauernd untereinander, verscheuchen sich gegenseitig und gehen wild aufeinander los. Die Zeit der gerade ausgeflogenen Jungen ist turbulent und aufregend, die Vögel sind insgesamt etwas unvorsichtiger, weil die Eltern Risiken eingehen, um die nimmersatten Schnäbel ihrer Jungen zu stopfen, und die Kinder Vorsicht zum Teil erst noch lernen müssen. Bei so viel Betrieb verliert man auch manchmal den Überblick, und so kommt es vor, dass die Starenkinder auch mal die Amselmutter nach Futter anbetteln und die Blaumeisenkinder die Kohlmeiseneltern. Haben die Jungen ein gewisses Alter erreicht, hören die Elterntiere schließlich ganz auf, sie zu füttern. Manche Arten, wie Amseln und Meisen, fangen vielleicht noch eine zweite Brut an, während ihr erster Durchgang sich nun allein zurechtfinden muss. Eine Zeit lang sehe ich die Jungvögel noch auf unserer Terrasse, aber mit den Wochen verteilen sie sich auf die weitere Umgebung. Ihr Federkleid gleicht sich dem ihrer Eltern an und langsam kehrt wieder Ruhe ein.

Immer wieder kommt es vor, dass die Spechtjungen im Eifer des Gefechts die Kurve nicht mehr kriegen und fast gegen die Hauswand oder gegen die Glastür fliegen.

FOTOGRAFIEREN IM SCHNEE

von Gamander

Ich freue mich im Winter zwar immer wieder, besondere Tierarten wie die Kernbeißer, die nur in den kalten Monaten zu uns in die Gärten kommen, zu sehen, aber das mit Abstand größte Highlight, wenn es um das Fotografieren der Gartenvögel geht, sind die wenigen Schneetage, die es bei uns gibt. Wenn ich morgens aufwache und die Welt ist auf einmal weiß, schmeiße ich alle meine Pläne über Bord: An so einem Tag will ich ausschließlich fotografieren. Im Schnee sieht alles magisch aus, und jeder Vogel erscheint noch schöner in der weißen Landschaft.

Beim Frühstück sitze ich also schon mit der Kamera auf dem Schoß am Tisch und versuche, jeden Vogel, der sich auf der verschneiten Terrasse blicken lässt, zu fotografieren. Kaum habe ich aufgegessen, ziehe ich mir etwas Warmes an und hole mein weißes Tarnzeug, das ich meistens nur für wenige Tage im Jahr brauche, aus dem Keller. Damit gehe ich dann auf die Terrasse, lasse die Vögel sich ein wenig an mich gewöhnen und beobachte sie, um Ideen für mögliche Bilder zu bekommen. Auch hier versuche ich häufig, Flugfotos zu machen, oder Bilder, wie die Vögel zwischen den verschneiten Ästen der umliegenden Bäume herumhüpfen oder in den Pflanzen auf der Terrasse sitzen.

Von hier aus kann ich auch sehen, was sich auf der anderen Seite des Baches tut. In Zeiten, in denen es schneien könnte, versuche ich, dort immer ein Versteck aufgebaut bereit zu haben. Nach etwas Zeit auf der Terrasse gehe ich rüber und schlüpfe in mein Versteck. Es sieht wunderschön aus, wenn die Vögel hier auf dem Boden landen, denn dann kann ich mit dem Schnee im Vorder- und Hintergrund spielen.

Während ich auf der Terrasse vor allem Blau- und Kohlmeisen fotografiere, traut sich hier drüben eigentlich jede Art vor mein Versteck. Die Rotkehlchen springen viel auf dem Boden herum und zusätzlich die Buchfinken und Erlenzeisige. Auch der Buntspecht landet hier zum Fressen im Schnee. So kann ich an solchen Tagen in direkter Nähe zum Haus jede Menge verschiedener Arten fotografieren, die alle im Weiß besonders schön aussehen. Allerdings wird mir schnell kalt, wenn ich auf dem Bauch liege, und dann kühle ich trotz Isomatte stark aus. Immer wieder bin ich so durchgefroren, dass ich mich kurz drinnen aufwärmen muss, bevor es wieder weitergehen kann.

Ich liebe solche Tage, sie sind einfach zu selten. Oft taut der Schnee bei uns schon am selben Tag wieder weg. So ist aus meinem Traum, einmal einen Gimpel im Schnee zu fotografieren, am allerliebsten gleich ein Paar, bisher leider noch nichts geworden, zumal die Gimpel aus irgendeinem Grund an den Schneetagen nie bei uns auftauchen. Ich werde es aber jedes Jahr wieder versuchen, und wer weiß, vielleicht habe ich ja irgendwann einmal Glück.

Im Winter bekommen wir manchmal Besuch aus Skandinavien, wie zum Beispiel diese nordische Schwanzmeise, die, anders als ihre einheimischen Artgenossen, eine rein weiße Haube hat.

Im weißen Schnee fällt das farbenfrohe Gefieder der Vögel besonders auf.

← Kleiber

↓ Blaumeise

↘ Rotkehlchen

WIE VERHALTE ICH MICH IN DER NATUR?

Bei Naturbeobachtung generell und bei der Naturfotografie ganz besonders sollte zu jeder Zeit das Wohl der Tiere im Vordergrund stehen. Da wir uns als Gast in ihrem Revier befinden, verhalten wir uns immer vorsichtig und rücksichtsvoll und versuchen, jede Störung zu vermeiden. Das Wichtigste dabei ist, möglichst ruhig zu sein und wenig Geräusche zu machen. Das gilt bereits für den gewöhnlichen Spaziergang, da wir so die Chancen erhöhen, überhaupt ein Tier zu sehen, und insbesondere, wenn wir ein Tier entdeckt haben und stehen bleiben, um dieses zu beobachten, weil wir es nicht erschrecken wollen.

Außerdem muss man einen gewissen Sicherheitsabstand einhalten, der von Tier zu Tier verschieden ist. So trauen Vögel sich häufig näher an uns Menschen heran, während größere Tiere scheuer sind und Begegnungen mit den Menschen eher vermeiden. Besonders vorsichtig sind wir im Frühling und Frühsommer während der Brutzeit und Jungenaufzucht. Haben wir ein Nest entdeckt, halten wir genügend Abstand und achten unbedingt darauf, die Eltern nicht bei der Versorgung der Jungen zu behindern.

Eichhörnchen —
GESCHICKTE KLETTERER

EICHHÖRNCHEN

geschrieben von Una

← Wenn sie den Schutz der Bäume verlassen, sind Eichhörnchen extra vorsichtig und stellen sich immer wieder auf die Hinterbeine, um ihre Umgebung besser im Auge zu haben.

→ Bei Gefahr sind sie mit ein paar großen Sprüngen flink beim nächsten Baum.

OFT HABEN WIR ALS KIND irgendwann ein Lieblingstier. Vielleicht werden wir gefragt, vielleicht hören wir andere von dem Tier reden, das sie am liebsten mögen, und möchten auch ein Tier haben, das auf diese Weise mit uns verbunden ist. In meiner Erinnerung stand Gamanders Lieblingstier schon immer fest: das Nilpferd. Mir hingegen fehlte noch eines, und als ich mich schließlich hinsetzte und überlegte, fiel meine Wahl auf das Eichhörnchen. Heute kann ich nicht mehr sagen, warum es unter all den Tieren ausgerechnet das Eichhörnchen wurde, aber es hat mir zahllose Eichhörnchenkarten zum Geburtstag und andere kleine Geschenke beschert und gehört bis heute zu mir.

Während ich die Eichhörnchen mit ihrem rötlich braunen Fell, der weißen Körperunterseite, den großen Augen und dem buschigen Schwanz als kleines Mädchen wahrscheinlich vor allem süß fand und dafür bewundert habe, wie sie scheinbar mühelos die Baumstämme rauf und runter laufen können, faszinieren mich heute auch ihre besonderen Eigenheiten und Fähigkeiten.

AKROBATEN MIT BUSCHIGEM SCHWANZ

Eichhörnchen sind in vielerlei Hinsicht außergewöhnliche Tiere. Als eines der wenigen Säugetiere bei uns lebt es größtenteils in den Bäumen und kommt nur auf den Boden, um nach Nahrung zu suchen oder um in weiten eleganten Sprüngen von Baum zu Baum zu laufen. Mit ihren langen kräftigen Zehen und Krallen können sich Eichhörnchen perfekt an der Rinde festhalten und senkrecht, aber auch kopfunter die Bäume rauf und runter huschen. Der lange buschige Schwanz dient ihnen, wenn sie Äste und Zweige entlanglaufen, als Gleichgewichtsstütze. Auch wenn sie von einer Baumkrone in die nächste springen und für kurze Momente frei in der Luft fliegen, können die Eichhörnchen mit ihrem Schwanz rudern und somit ihren Sprung steuern und kontrollieren. Außerdem dient er zur Kommunikation unter Artgenossen. Wenn sie aufgeregt mit ihm hin- und herzucken, können auch wir Menschen ihre Anspannung und Aufregung sehen. Der buschige Schwanz hat zudem noch eine wärmende Funktion und kann ein zusammengerolltes Eichhörnchen perfekt zudecken.

Als es stark regnete, schüttelten sich die Eichhörnchen immer wieder die Tropfen aus dem Fell. Herausgekommen ist ein Bild von einem Eichhörnchen, das fast so aussieht, als würde es tanzen.

Der Bauch der Eichhörnchen ist immer weißlich gefärbt, ansonsten kann die Fellfarbe aber von einem hellen Fuchsrot bis hin zu Schwarz variieren. Da schwarzes Fell länger und dichter ist und damit besser isoliert, kommen dunkle Tiere häufig in höher gelegenen und Gebieten weiter nördlich vor. In der kalten Jahreszeit sind die Ohren aller Eichhörnchen zum Schutz vor Kälte von langen Fellbüscheln besetzt. Diese Pinselohren lassen die Tiere noch einmal niedlicher aussehen.

GEFAHREN

Eichhörnchen leben hoch oben in den Bäumen in selbstgebauten Nestern. Diese Kobel sind kugelrunde Bauten aus Zweigen, die mit Moos und Laub ausgepolstert werden und einen Innendurchmesser von mindestens fünfzehn Zentimetern haben. Jedes Eichhörnchen hat meist mehrere Nester in Gebrauch, wobei der Kobel, der nur einem Eichhörnchen zum Schlafen dient, etwas kleiner ist als der für die Jungenaufzucht. Neben dem Haupteingang hat jedes Nest meist noch einen Hinterausgang, um im Falle eines Überfalls, zum Beispiel durch einen Marder, schnell flüchten zu können. Neben dem Marder ist der Habicht der zweite große Fressfeind. Aber auch wir Menschen sind eine Bedrohung für die Tiere, da unsere Straßen häufig die Reviere durchkreuzen und es immer wieder vorkommt, dass ein Tier überfahren wird.

Besonders in England, aber mittlerweile auch in anderen Teilen Europas, ist das bei uns einheimische rotbraune Eichhörnchen von dem aus Nordamerika eingeführten Grauhörnchen bedroht. Da das Grauhörnchen etwas größer und kräftiger ist, kann es sich im Kampf um Nahrungsquellen und Reviere durchsetzen und verdrängt das Rothörnchen zunehmend.

← Ein zutrauliches Eichhörnchen schnüffelt sogar direkt an der Kamera.

→ Hier siehst du das Ergebnis.

Durch starke Stürme oder Unwetter kann es dazu kommen, dass ein Kobel beschädigt wird und Eichhörnchenjunge herunterfallen. Falls du kleine Eichhörnchen auf dem Boden findest, solltest du immer zuerst abwarten, ob die Elterntiere kommen, um ihren Jungen zu helfen. Lässt sich jedoch kein Elterntier blicken, gibt es mittlerweile an vielen Orten Eichhörnchenauffangstationen, in denen sich Ehrenamtliche darum kümmern, die Jungen aufzuziehen oder verletzte Eichhörnchen zu pflegen und sie schließlich wieder in die Wildnis zu entlassen.

Ernährung und Vorräte für den Winter

Anders als man denken könnte, sind Eicheln nicht die Hauptnahrung des Eichhörnchens. Es ernährt sich vielmehr von energiereichen Früchten und Samen wie Bucheckern, Ahornsamen, Esskastanien und Nüssen sowie den Samen verschiedener Nadelbäume wie Fichten und Kiefern. Da die Zapfen normalerweise erst zu Boden fallen, wenn ihre Samen bereits abgeworfen wurden, die Eichhörnchen sie jedoch mühelos vorher in den Wipfeln ernten können, bieten sie eine besonders sichere Nahrungsquelle. Um an die zwischen den Schuppen gelagerten Samen zu gelangen, müssen die Eichhörnchen die Zapfen Schuppe für Schuppe zerlegen. Findest du im Wald auf dem Boden abgenagte Fichtenzapfen, die von einem Haufen

← Begegnung eines Eichhörnchens mit einer Amsel

↙ Zwei junge Eichhörnchen in der Eiche hinter unserem Garten

einzelner Schuppen umgeben sind, weißt du, dass hier in den letzten Tagen ein Eichhörnchen gefressen hat. Obwohl sie sich größtenteils pflanzlich ernähren und auch Triebknospen und Blüten fressen, kommt es manchmal vor, dass Eichhörnchen die Nester brütender Vögel plündern und so tierische Nahrung zu sich nehmen.

Da Eichhörnchen keinen Winterschlaf halten und sich keine dicke Fettschicht anfressen können, müssen sie sich auch während des Winters regelmäßig auf Nahrungssuche begeben und dafür tagsüber den Schutz ihres Kobels für einige Stunden verlassen. Das Streifgebiet eines Eichhörnchens hängt vom jeweiligen Lebensraum und Futterangebot ab, ist im Winter aber generell kleiner als im Sommer. In der warmen Jahreszeit kann es mehrere Hektar umfassen. Während der Wintermonate bietet das Samenangebot der noch in den Wipfeln der Tannen und Fichten hängenden Zapfen den Eichhörnchen eine gute Energiequelle. Sie sorgen aber auch gegen Nahrungsengpässe vor, indem sie im Herbst Vorräte anlegen. Diese bestehen meistens aus Nüssen, Bucheckern und Esskastanien, die sie im September und Oktober sammeln und für den Winter unter Laub, in Hohlräumen oder in der Erde verstecken. Allerdings reichen die Vorräte meist nur für etwa einen Monat. Eichhörnchen sorgen also nicht für den ganzen Winter vor, sondern die Vorratsverstecke sind hauptsächlich für Notsituationen gedacht, wenn die Tiere durch zu starken Wind oder kalte Temperaturen und Schnee nicht in den Wipfeln der Bäume an den Zapfen fressen können. Sie legen immer mehrere Verstecke an, um Verlusten vorzugreifen und die Chance, Nahrung wiederzufinden, zu erhöhen. Dadurch, dass einige der Nahrungskammern vergessen oder nicht gebraucht werden, helfen die Eichhörnchen gleichzeitig beim Aufforsten. Aus den Nüssen, Eicheln und Kastanien, die sie nicht wieder ausgraben und verzehren, entwickeln sich im kommenden Jahr kleine Sprösslinge, die dadurch, dass die Verstecke meist in einiger Entfernung von der Sammelstelle liegen, auch dafür sorgen, dass sich die Bäume ausbreiten können.

Sozialleben

Eichhörnchen sind Einzelgänger, haben individuelle Schlafkobel und auch um die Jungenaufzucht kümmern sich die Weibchen allein. Sie gebären meist zwei bis fünf Junge. Jedes wiegt, wenn es auf die Welt kommt, nur zehn Gramm, weniger als ein Tütchen Backpulver. Trotzdem kann man manchmal mehrere Eichhörnchen zusammen beobachten. Zum einen während der Paarungszeit, die sich von Dezember bis in den Sommer zieht, in der sich Weibchen und Männchen mit ganz viel Lärm die Baumstämme rauf- und runterjagen. Zum anderen im Herbst an Orten mit besonders reichem Nahrungsangebot, wie einem Nussbaum oder einer Esskastanie, wo sich alle an dem Überfluss bedienen, um ihre Verstecke anzulegen. Obwohl das Futter für alle reichen würde, kann es hier dann immer wieder auch zu Auseinandersetzungen zwischen den Tieren kommen, was interessant zu beobachten ist.

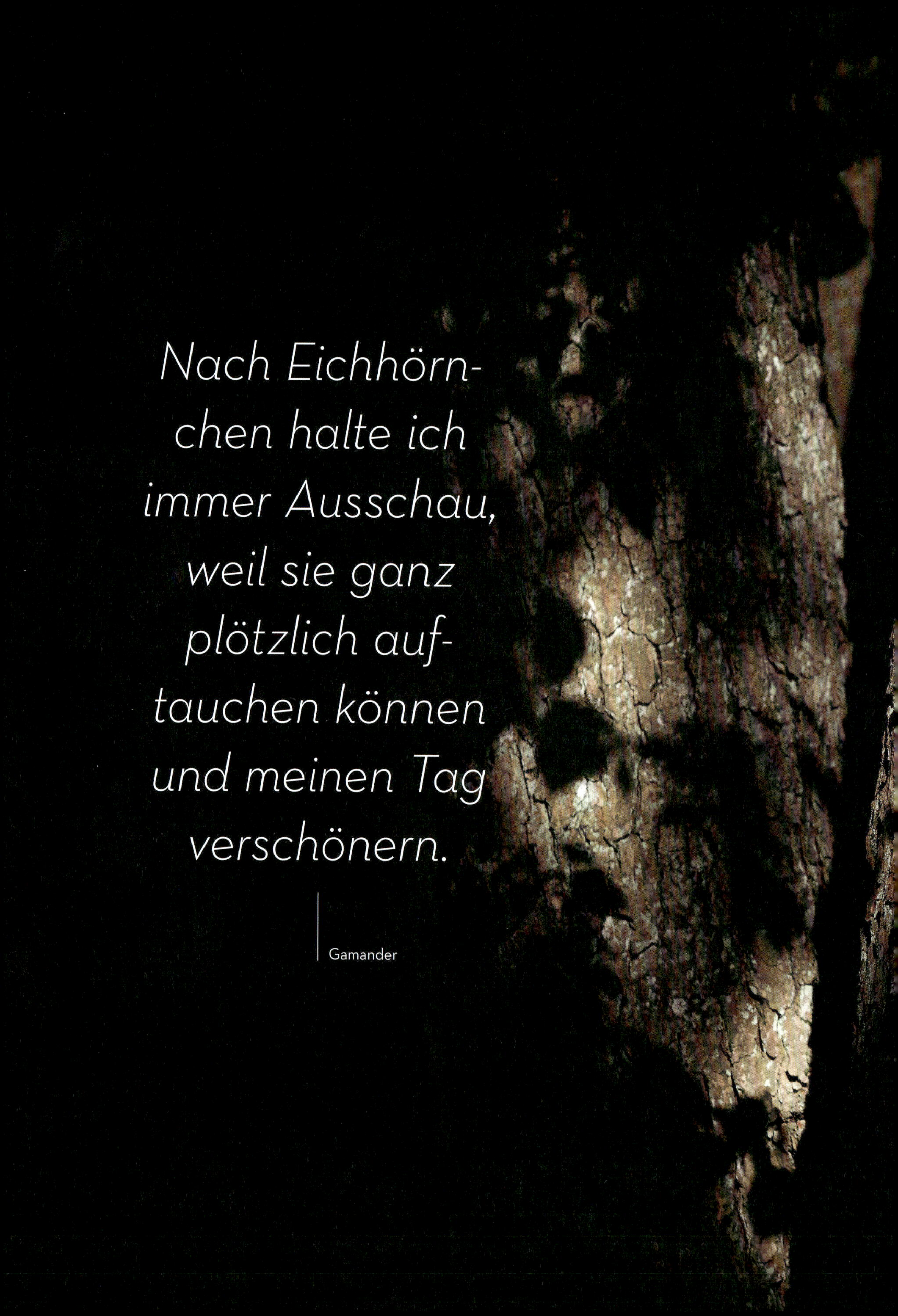

Nach Eichhörnchen halte ich immer Ausschau, weil sie ganz plötzlich auftauchen können und meinen Tag verschönern.

Gamander

UNSER TIPP
Im Herbst sind Haselsträucher, Esskastanien und Walnussbäume Eichhörnchenhotspots. Wenn du dich dort auf die Lauer legst, wird fast sicher eines vorbeikommen.

EICHHÖRNCHEN FOTOGRAFIEREN UNTER EINER ESSKASTANIE

von Gamander

Eichhörnchen kann man zum Glück häufig begegnen, und bei uns auch fast überall – in der Stadt, im Park, im Garten oder Wald. So hatte ich schon viele zufällige Begegnungen mit ihnen, und auch zu der Futterstelle im Nachbargarten kommen sie regelmäßig. Aber das erste Mal, dass ich Eichhörnchen ausführlich und intensiv beobachten und fotografieren konnte, war im Oktober 2021. Ich verbrachte mit meiner Familie eine Woche in einem Ferienhaus in Worpswede, in dessen Garten ein riesiger Esskastanienbaum stand. Dieser lockte, wie wir schnell bemerkten, drei emsige Eichhörnchen an. Vom Fenster aus konnten wir die drei bei ihrer eifrigen Arbeit, Wintervorräte anzulegen, beobachten. Und so stellte ich gleich mein Tarnzelt unter die Kastanie und ließ den Eichhörnchen etwas Zeit, sich an das neue Ding zu gewöhnen. Erst am nächsten Morgen ging ich mit meiner Kameraausrüstung das erste Mal hinein.

Die Kamera war schnell auf einem Bodenstativ aufgebaut, und durch Tarnnetze, die ich vor die Zeltöffnung gehängt hatte, konnte ich den Garten mit der großen Esskastanie überblicken. Es dauerte auch nicht lange, bis das erste Eichhörnchen auftauchte. Dieses war erst mal misstrauisch und vorsichtig. Bei der ersten kleinen

Bewegung meiner Kamera flitzte es hoch in die Äste und warnte dort mit zuckendem Schwanz und abgehackt keckernden Lauten die anderen vor der unbekannten Gefahr. Also bewegte ich die Kamera erst mal nicht mehr, und nach etwas Beruhigungszeit kam das Eichhörnchen langsam wieder den Baum herunter. Es suchte in dem Überangebot nach einer passenden Kastanie, und als die gefunden war, schoss es schnell davon, um sie irgendwo zu vergraben. Als es das nächste Mal auftauchte, fing ich vorsichtig an zu fotografieren, und nach einiger Zeit kamen auch die anderen beiden Eichhörnchen hinunter und liefen ab und zu näher am Zelt vorbei.

Ich konnte zwar am ersten Tag bereits ein paar ganz schöne Fotos machen, hoffte jedoch, dass die drei Eichhörnchen noch mutiger würden. Als ich das Tarnzelt verließ, ließ ich deshalb die Kamera zur Gewöhnung noch ein bisschen aufgebaut, und die Taktik funktionierte. Denn am nächsten Tag war die Angst vor dem Tarnzelt und der Kamera bei den Eichhörnchen wie weggeblasen, und die drei hielten mich beschäftigt. Oft waren sie alle auf einmal flink unterwegs, immer noch auf der Suche nach der perfekten Kastanie. Dafür wurde mal hier und mal dort geschnüffelt, eine Kastanie umgedreht, da schnell weiter zur nächsten gerannt, hier versucht, die Stacheln der Hülse zu entfernen, um ans wertvolle Innere zu kommen, und da wieder eine bereits lose Esskastanie auf dem Boden gefunden. Wenn ein Eichhörnchen sich für eine der Früchte entschieden hatte, stellte es sich auf, nahm sie in die Vorderpfoten und drehte sie so lange, bis die ideale Seite gefunden war, von der aus es die Kastanie sicher packen konnte, um dann schnell mit ihr in einen anderen Teil des Gartens zum Vergraben zu verschwinden.

Zusätzlich kam es immer wieder zu Zankereien zwischen den Eichhörnchen, und dann ging plötzlich alles ganz schnell und zwei Eichhörnchen fegten sich gegenseitig durch den Garten, bis sie eines nach dem anderen wieder zum Baum zurückkamen. Besonders witzig war anzuschauen, wie die Eichhörnchen versuchten, die Hülsen zu öffnen, ohne sich dabei zu dolle an den igeligen Schalen zu pieken. Dabei verbogen und verrenkten sie sich in den lustigsten Positionen, und es war häufig ein minutenlanger Kampf, bis die Stacheln endlich gebändigt waren.

Ich versuchte in den Tagen auch, kleine Actionkameras zwischen die herumliegenden Esskastanien zu stellen, und so bekam ich einige witzige Perspektiven, da die Eichhörnchen häufig sehr nah an die Kameras herankamen. Das Vertrauen in mich und meine fotografischen Aktivitäten war am Ende sogar so hoch, dass die Eichhörnchen, noch während ich draußen herumlief, schon ganz in der Nähe hockten und mir dabei zuschauten, wie ich die Kameras aufbaute. Sobald ich anschließend ins Tarnzelt verschwand, kamen sie alle unverzüglich angelaufen und gingen ungestört ihrem Treiben nach. Insgesamt hatte ich nur fünf Tage zusammen mit diesen Eichhörnchen, bevor wir wieder nach Hause zurückfuhren, aber es war eine wirklich wunderbare Zeit mit den drei Tieren, die ich am Ende auch alle unterscheiden konnte.

AUF DER LAUER. Hier habe ich im Oktober mein Tarnzelt unter einer Esskastanie aufgebaut. Von da aus und mit versteckten Kameras konnte ich drei Eichhörnchen aus direkter Nähe und in verschiedenen Perspektiven fotografieren.

SCHLAFENDES EICHHÖRNCHEN

beobachtet von Gamander

Seitdem habe ich nicht wieder so intensiv Eichhörnchen fotografieren können. Ich hatte aber trotzdem immer wieder wunderschöne Begegnungen, besonders eine wird mir immer in Erinnerung bleiben. Ich entdeckte ein Eichhörnchen, das auf dem Ast einer Fichte eingeschlafen war. Nachdem ich vorsichtig ein paar Fotos von ihm gemacht hatte, baute ich, da ich kein Stativ dabeihatte, mit meinem Kamerarucksack eine improvisierte Konstruktion und konnte das Eichhörnchen so beim Schlafen filmen. Eine ganze Stunde lang lag es dort oben auf dem Ast, verlagerte nur ab und zu sein Gewicht, zuckte leicht, blinzelte kurz und döste ansonsten friedlich vor sich hin. So etwas Süßes habe ich selten gesehen, und generell haben es mir schlafende Tiere schon immer besonders angetan, weil es etwas sehr Beruhigendes hat, anderen Wesen beim Schlafen zuzusehen. Wenn sich ein Tier in meiner Anwesenheit zum Schlafen hinlegt, ist das immer ein Zeichen dafür, dass ich als Fotograf alles richtig gemacht habe und das Tier nicht störe. Nach einer Stunde wachte das Eichhörnchen auf, gähnte lässig, streckte sich ausgiebig und verschwand anschließend die Fichte hinauf. Eichhörnchen sind wirklich einzigartig schöne Tiere, und ich halte deswegen immer nach ihnen Ausschau, weil sie ganz plötzlich auftauchen können, um meinen Tag zu verschönern.

Es ist ein ganz besonderer Moment, wenn sich ein wildes Tier vor mir zum Schlafen hinlegt, da es das nur macht, wenn es sich ganz wohl und sicher fühlt.

EICHHÖRNCHEN ALS PARK- UND WALDBEWOHNER

geschrieben von Una

Die Eichhörnchen sind ein klassisches Beispiel dafür, wie sich Tiere an die Nähe zum Menschen gewöhnen und sich auf diese Weise neue Lebensräume erschließen. Insbesondere in städtischen Parks mit ausreichend alten und hohen Bäumen, die den Tieren genug Schutz und Nahrung bieten, kann man oft Eichhörnchen beobachten, manchmal auch ganz unerschrocken inmitten der menschlichen Besucher. An einigen Orten, wie zum Beispiel in Parks in London, haben die Menschen angefangen, die Eichhörnchen so regelmäßig zu füttern, dass die Tiere fast ganz die Scheu vor uns Menschen abgelegt haben und zum Teil so zutraulich geworden sind, dass sie sich eine Nuss aus deiner ausgestreckten Hand holen, wenn du dich zu ihnen auf den Boden hockst. Als ursprüngliche Waldbewohner sind die Eichhörnchen jedoch auch noch weit abseits von menschlichen Wohngebieten zu Hause und so begegne ich ihnen auch regelmäßig auf meinen Spaziergängen im Wald.

EICHHÖRNCHENBESUCH AUF DER TERRASSE

beobachtet von Una

VON UNSEREM HAUS AUS kann ich das Eichhörnchen regelmäßig in der Eiche und der Esskastanie hinter dem Garten vorbeilaufen sehen. Auf der Route aus dem Haselstrauch rechts zu dem weiter links folgt es immer denselben Ästen in dem Straßennetz der Bäume. Meine Familie vermutet, dass sich sein Kobel in den hohen Fichten auf dem Grundstück von Nachbarn befindet, da es immer aus dieser Richtung kommt und wir zur Paarungszeit beobachten können, wie sich die Eichhörnchen spiralförmig die Fichtenstämme hinauf- und hinunterjagen, aber sehen können wir den Kobel von uns aus nicht, er liegt im Grün der Nadeln versteckt, und so bleibt ihr Zuhause ein Geheimnis.

Oft scheint es das Eichhörnchen recht eilig zu haben, aber an anderen Tagen verweilt es auch mal in der Eiche gegenüber unserem Haus, hockt sich auf einen Ast oder sucht diesen nach Essensresten der Vögel ab, die vor allem die Meisen zurücklassen, wenn sie im Schutz der Blätter unsere Haferflocken verspeisen. Besonders süß anzusehen ist, wenn sich die Eichhörnchen langgestreckt auf einen Ast legen, wobei sie sich erstaunlich platt machen können. In einem Jahr konnten wir zwei junge Eichhörnchen beobachten, wie sie sich auf einem der grün bemoosten Eichenäste ausruhten, und Gamander gelang es sogar, einige Fotos von ihnen zu machen (siehe Seite 56).

Während sich die Eichhörnchen meist in sicherer Entfernung in den umliegenden Bäumen aufhalten, kommt es insbesondere im späten Frühjahr manchmal vor, dass sie sich zu uns auf die Terrasse wagen. Da um die Zeit die Vorräte für den Winter aufgebraucht und die Fichten- und Tannenzapfen aus dem Vorjahr abgenagt sind, haben es die Eichhörnchen im Frühling bis zum Anfang des Sommers besonders schwer. Von Hunger getrieben und vom Futterangebot für die Vögel angelockt, trauen sie sich in die Nähe der Menschen.

Der Weg aus dem Schutz der Bäume zu uns ist allerdings alles andere als ideal. Erst muss das Eichhörnchen den Bach überqueren, dann balanciert es auf dem Maschendrahtzaun die Länge des Gartens entlang und erst, wenn es diesen wackeligen Weg geschafft hat, kommt es schließlich von links über das Geländer zum Futterhaus gelaufen. Am Ziel angelangt, lässt es sich danach, wenn wir uns drinnen schön ruhig verhalten, nicht mehr so schnell stören, sondern frisst sich genüsslich satt.

Insbesondere von den kleinen Meisen, die sich wundern, wer da ihre Futterquelle blockiert, lässt es sich nicht aus der Ruhe bringen, und auch der größere Star mit seinem langen Schnabel kann nichts gegen es ausrichten. Ins Futterhaus gezwängt, den buschigen Schwanz über den Rücken gelegt oder aber über sich auf dem Dach deponiert, greift sich das Eichhörnchen mit beiden Pfoten die Haferflocken oder Sonnenblumenkerne und hebt sie sich ans Maul. Ich freue mich, es von der Bank am Wohnzimmertisch aus in Ruhe beobachten zu können, und es hat etwas Meditatives, dem Eichhörnchen beim systematischen Leerfressen des Futterhauses zuzuschauen.

Erschreckt es sich doch, etwa wenn ein Hund in der Nachbarschaft bellt oder es eine Bewegung durch das Fenster bemerkt, läuft es schnell auf dem Geländer zurück in den Schutz der emporrankenden Rose. Befindet sich jedoch noch ein Rest vom Futter im Häuschen, kehrt es häufig noch einmal um, bevor es sich auf den Rückweg den Zaun entlang in die Bäume macht. Denken wir daran, eine alte Walnuss in den Blumenkasten zu legen, klemmt sich das Eichhörnchen die Nuss zwischen seine kräftigen Schneidezähne und nimmt sie als Abschiedsgeschenk mit.

Ein Verhalten, das ich bis jetzt nur direkt von unserem Haus aus beobachten konnte, ist das Sammeln von Nistmaterial für den Kobel. An einem Nachbarhaus rankt eine alte Weinrebe empor. Im Winter konnte ich sehen, wie ein Eichhörnchen sich die faserige Rinde abtrennte und mit schnellen kreisenden Bewegungen seiner Vorderpfoten zu einem Ball formte, den es im Maul tragen konnte.

Während sich die Rinde des Weinstocks leicht abtrennen lässt, konnte ich bei einer anderen Gelegenheit zuschauen, wie ein Eichhörnchen auch Rinde von den Ästen der Esskastanie ablöste, deren Krone sich mit der der Eiche direkt hinter unserem Garten verflechtet. Mit Hilfe seiner scharfen Schneidezähne, die wie bei allen Nagetieren ständig nachwachsen, löste das Eichhörnchen der Länge nach perfekte Rindenstreifen vom Ast ab und ging dann wie sein Artgenosse mit den Weinfasern vor, um eine kleine Kugel daraus zu formen, die es davontrug, um kurz darauf wiederzukommen und sich weiteres Material zu besorgen.

MEIN TIPP: Eichhörnchen bedienen sich häufig einfach am Vogelfutter. Es gibt aber auch spezielle Futterhäuser für sie, in die sich Nüsse füllen lassen. Sie schließen mit einer Klappe, die die Vorräte vor Regen schützt, die die Eichhörnchen aber mit ihren geschickten Vorderpfoten öffnen können. Oft haben sie auch eine kleine Sitzfläche, damit sie die Nüsse gleich an Ort und Stelle aufknabbern können. Übrigens: Mandeln nicht verfüttern, sie sind für Eichhörnchen giftig.

BEOBACHTUNGSTIPPS IM WALD

Tiere befinden sich fast überall um uns herum, nur ist es häufig gar nicht so einfach, sie zu entdecken. Da sie uns meistens viel genauer im Blick haben als wir sie, passiert es schnell, dass sie bereits in Deckung gegangen sind, bevor wir sie bemerken konnten. Daher müssen wir beim Spazierengehen unsere Umgebung besonders wach und aufmerksam beobachten, unsere Blicke ständig schweifen lassen und auf kleinste Bewegungen und Geräusche achten.

In den frühen Morgen- und Abendstunden, wenn weniger Menschen unterwegs sind, ist die Chance, Tieren zu begegnen, besonders hoch. Ein guter Trick ist auch, früher als die Tiere zu sein, indem du etwa schon vor Sonnenaufgang an einer Stelle im Wald sitzt. Oft hören uns die Tiere schon von weitem kommen. Bist du jedoch vor ihnen da, vergrößerst du die Chance, dass sie dich nicht bemerken und für einen Teil der Umgebung halten, sich aus der Deckung trauen und ihren Beschäftigungen nachgehen.

Im Stadtwald –

DER NATUR BEGEGNEN

DER WALD

beobachtet von Una

← Waldohreulenjunge verlassen ihr Nest, noch bevor sie fliegen können, und heißen dann Ästlinge.

→ Von oben betrachtet, sieht ein Fichtenwald fast wie eine kleine Mooslandschaft aus.

WALD IST FÜR VIELE DER INBEGRIFF VON NATUR. Doch gibt es in Deutschland kaum noch Waldflächen, die nicht wirtschaftlich genutzt werden. Das gilt auch für die vielen Stadtwälder, die sich in der Nähe von Siedlungsgebieten befinden, regelmäßig von Spaziergängern, Hundebesitzern und Radfahrern frequentiert werden und von einem dichten Wegenetz durchzogen sind. Obwohl es keine naturbelassenen und richtig wilde Orte sind, bieten Wälder dennoch vielen Tieren einen Lebensraum, und nicht nur unzählige Vogelarten, sondern auch größere Säugetiere finden zwischen den hohen Bäumen und der deckenden Bodenvegetation ein schützendes Zuhause. So kannst du dort mit etwas Aufmerksamkeit und ein wenig abseits der Hauptrouten viele Tiere beobachten, besonders, wenn du früh am Tag unterwegs bist oder wenn es sich schon langsam dem Abend zuneigt.

MEINE WALDRUNDE

Wiederholung kann langweilig sein, aber eine Strecke regelmäßig abzulaufen, kann auch dazu führen, dass man immer wieder Neues entdeckt. Durch die Vertrautheit fallen Ungewöhnlichkeiten schneller auf, und mit der Zeit kennt man nicht nur den Weg, sondern auch die Bewohner in der Umgebung. Wenn ich zu Hause bin, gehe ich fast jeden Tag dieselbe Runde im Wald, einen Weg von zwanzig bis dreißig Minuten, je nachdem, in welchem Tempo ich laufe. Es ist „meine" Runde im Wald und ich gehe sie schon seit Jahren. Der Weg bleibt dabei der gleiche, abgesehen von kleinen Schlenkern, um hier und da einem umgestürzten Baum auszuweichen. Aber die Umgebung, durch die er führt, verändert sich mit den Jahren, vieles dabei durch Menschenhand, und auch meine Beobachtungen sind jeden Tag andere.

UNSER TIPP
Besonders frühmorgens und in der Dämmerung äsen Rehe auf Wiesen. Das ist ein guter Zeitpunkt, um dich mit der Kamera am Waldrand zu verstecken.

Start Zuhause

Die Runde beginnt direkt vor der Haustür. Ich muss nur kurz die Straße überqueren und schon biege ich in den kleinen Trampelpfad, der, auf der einen Seite von einer hohen Hecke gesäumt, zwischen zwei Wiesen entlangläuft und nach einigen hundert Metern in den Wald mündet. Hier stehen alte knorrige Eichen durchsetzt von Birken und einigen Fichten. Die Wege, denen ich folge, sind schmal und unbefestigt und schlängeln sich natürlich durch die Bäume. Ich überquere die alte Zugtrasse und wende mich kurz darauf nach rechts. Links lasse ich den Weg liegen, den Gamander und ich, als wir noch klein und gerade erst hergezogen waren, mit Walkie-Talkies ausgestattet alleine erkundet hatten. Damals kam uns der Wald noch viel größer vor und die wenigen hundert Meter, die wir hineinliefen, so viel weiter weg von zu Hause als heute.

Mein Weg führt unter großen alten Roteichen entlang, aber schon kurz darauf befinde ich mich am Rande des neuen Kahlschlags. Vor wenigen Jahren noch standen hier hohe Fichten, die im Wind knarzten und den Weg in ein schummriges Licht tauchten. Einige Meter vom Weg entfernt lag zwischen den hohen Stämmen ein kleiner Teich, in dem im Frühling die Frösche laichten. Heute sind die Fichten verschwunden, an ihrer Stelle prangt ein großes Loch, und da der kleine Teich nun ungeschützt in der Sonne liegt, trocknet er im Frühling so schnell aus, dass es die meisten Kaulquappen nicht schaffen, sich in kleine Frösche zu verwandeln. Mit kleinen Hainbuchen und Eichen in hellblauen Plastikröhren wurde aufgeforstet, doch dass sie wieder annähernd die Größe der alten Fichten erreichen, werden wir nicht mehr erleben. Unter hohen Bäumen entlang gehe ich hier nur noch in meiner Erinnerung. Am Wegrand, wo im Herbst jedes Jahr rot leuchtende Fliegenpilze aus dem Boden schießen, haben sich zusätzlich auch selbst Bäumchen ausgesät, und die kleinen Fichten und Birken werden merklich jedes Jahr größer.

Eine Waldohreule versteckt sich zwischen den Blättern.

Heimliche Waldbewohner

In den letzten Jahren sehe ich immer häufiger drei Rehe, die hier entweder äsen und in großen Sprüngen davoneilen, wenn sie mich bemerken, oder im umliegenden Unterholz stehen und mir mit großen schwarzen Augen und aufmerksam aufgerichteten Ohren entgegenblicken. Wenn ich nicht direkt in ihre Richtung schaue und langsam weitergehe, überwinden sie manchmal ihren Fluchtinstinkt und bleiben reglos stehen oder machen auf ihren langen dünnen Beinen nur ein paar Schritte tiefer ins Unterholz hinein. Um ihnen zu begegnen, muss es nicht schon anfangen, dunkel zu werden. Ich treffe sie auch am helllichten Tag, und oft ist es nur eine Ahnung, die mich nach links blicken lässt, und dann stehen sie da und beobachten mich bereits. Wenn es viel geregnet hat, ertränkt eine große Pfütze den Weg, wo früher eine Birke stand, in der zwei Frühlinge lang eine Kleiberfamilie ihre Jungen großgezogen hat. Die Nisthöhle befand sich nur wenige Zentimeter über unserer Augenhöhe, sodass sie sich perfekt zum Filmen eignete. Weiter geht es eine kleine Anhöhe hoch und dann laufe ich zwischen Kiefern hindurch.

Der Weg durch den Wald ist abwechslungsreich und dadurch, dass die meisten Nadelbäume mittlerweile gefällt wurden, meist licht. An manchen Tagen höre ich den Buntspecht klopfen, und manchmal sieht einer aus unserer Familie auch einen Schwarzspecht, aber das ist großes Glück und bis jetzt nur sehr selten vorgekommen. Häufiger sieht man Amseln, die im trockenen Laub, besonders unter den Stechpalmen, nach Nahrung suchen und schimpfend auffliegen, wenn man zu nahekommt. Heckenbraunellen hüpfen durch die Zweige, und etwas weiter oben zwitschern die Meisen, die an den ersten warmen Tagen des Jahres jedes Mal ein ganz frühlingshaftes Gefühl in mir auslösen. Die große alte Lichtung, auf der wir früher in der Sonne Picknicks gemacht und gespielt haben, auf der mittlerweile aber wieder junge Lärchen stehen, die fast doppelt so hoch sind wie ich, lasse ich rechts liegen und folge dem Weg, der kurz darauf in einen weiteren Kahlschlag führt, der mit winzigen Eiben, Kiefern und Lebensbäumen aufgeforstet wurde. Auch hier standen einmal hohe Fichten und Lärchen, die den Weg verdunkelten. Und in den hohen Ästen einer dieser Lärchen hatten in einem Jahr Waldohreulen ihr Nest. Auch die hat Gamander einen Spätfrühling lang gefilmt, und wir alle sind gucken gekommen, als er ein Eulenjunges entdeckte, das, nachdem es aus dem Nest geflüchtet war, zwischen den frischen Blättern einer jungen Buche saß und neugierig hin und her wippte. Obwohl einige wenige Lärchen stehenbleiben durften, darunter auch die mit dem Nest, sahen wir die Eulen in den darauffolgenden Jahren nie wieder. Von allen Seiten frei zugänglich bietet ihnen der Baum keine Heimat mehr.

Das Ende der Runde

Etwas weiter links stehen große alte Douglasien, die ein ganz besonderes Aroma verbreiten, und um deren furchige Stämme im Herbst viele Jahre lang Parasolpilze wuchsen, unser persönlicher Sammelort. Aber ich biege nicht ab, sondern gehe weiter geradeaus an der Stelle vorbei, an der ich letztes Jahr im Mai neben dem Weg ein Rehkitz unter einer kleinen Fichte auf seine Mutter warten sah, und entlang der Wiese, die von Bäumen umgeben im Wald liegt, auf der die Kaninchen leben, über die wir schon den Fuchs haben laufen sehen und von der manchmal der Grünspecht auffliegt. Das letzte Stück der Strecke führt oberhalb der alten Zugtrasse entlang. Hier ist der Boden das ganze Jahr über mit Blättern bedeckt, die, wenn sie trocken sind, laut rascheln, und ich befinde mich auf halber Höhe der im Hang wachsenden Bäume. Über die schmale Schlucht hinweg kann ich auf der anderen Seite das kleine Fichtenwäldchen sehen, in dem sich ein Fuchsbau versteckt.

Es ist eine kleine Runde, aber sie führt mich durch verschiedene Baumbestände und ist in ihrer Kürze doch abwechslungsreich. An manchen Tagen bin ich tief in meine Gedanken versunken und der regelmäßige Rhythmus meiner Schritte löst eine Ruhe in mir aus, die ich drinnen im Haus nicht finden kann. An anderen Tagen bin ich hellwach für meine Umgebung, schaue mich aufmerksam um, bleibe ab und zu stehen und achte auf jede noch so kleine Bewegung, sehe den Bussard, der von der Wiese auffliegt und sich in der Eiche niederlässt, den Zaunkönig zwischen den Brombeerranken, höre das Krächzen der Krähen, das Schimpfen der Eichelhäher und erzähle zu Hause von meinen Begegnungen.

Die Runde ist ein fester Bestandteil meines Lebens, eine Regelmäßigkeit, die jedoch nie langweilig wird, und wahrscheinlich das Stück Natur, das ich am besten kenne.

Im Winter

Es ist eine Runde, die ich bei jedem Wetter und rund ums Jahr gehe, und so bildet sie auch einen Anhaltspunkt für den Wandel der Jahreszeiten. Liegt Schnee, ist der Wald wie verwandelt: Alles ist ruhig und im frischen Weiß kann man Tierpfade erkennen, die sich dem Auge sonst verbergen. Den Spuren des Rehs lässt sich folgen, vielleicht sieht man sogar, wo der Fuchs den Weg gequert hat, und überall findet man Y-förmige Zeichen von Vogelkrallen auf der Oberfläche des Schnees. An tief bewölkten Wintertagen ist es plötzlich wieder hell, der Schnee knirscht leise, und wenn ich die erste Person bin, die hier entlangkommt, ist es, als würde ich dieses Stückchen Natur zum ersten Mal betreten. Nur vor unter der Schneelast brechenden Ästen muss ich mich in Acht nehmen. Insbesondere die ausladenden Kiefernzweige können dem zusätzlichen Gewicht oft nicht standhalten, aber auch Douglasienäste stürzen manchmal mit einem lauten Krachen herab.

Kleiber bauen ihre Nester gerne in alten Spechthöhlen, die Eingänge verkleinern sie mit Lehm gegen Eindringlinge.

Im Jahreslauf

Der Weg hoch zum Wald verrät bereits, wie viel es in den letzten Tagen und Wochen geregnet hat, und manchmal gehe ich statt auf einem Pfad durch einen kleinen Bach, der stetig vom Wald herunterfließt. Auch im weiteren Verlauf meiner Runde gibt es tiefer gelegene Stellen, an denen sich nach längeren Regenperioden das Wasser sammelt, sodass man sie nur in Gummistiefeln passieren kann. Im Frühling sprießen langsam die ersten grünen Blätter und in Braun, Grau und dunkle Grüntöne mischen sich zum ersten Mal wieder hellere Farben. Der Wind kann wieder ein leises Rascheln verursachen und die Wege werden schattiger. Das Gezwitscher der Vögel wird immer lauter, und wenn es langsam gegen Sommer geht, erschallt das laute keckernde Rufen der Spechtjungen. Im Juli und August ist der Wald häufig zu trocken. Besonders in den letzten Jahren mussten die Bäume oft mehrere Wochen ohne einen Tropfen Regen auskommen. Das Laub vom Vorjahr zerbröselt unter den Schritten, der Boden ist staubig und zwischen den Kiefern riecht es harzig nach Sommer in Spanien. Mit dem anbrechenden Herbst werden die Tage wieder kühler, und am Wegesrand unter Brombeeren und Farn oder an alten Baumstümpfen kann ich von Tag zu Tag neue Pilze entdecken, Fliegenpilze und Hallimasch, Kartoffelboviste und Parasolpilze sind nur einige Beispiele. In manchen Jahren tragen die Eichen so viele Früchte, dass der ganze Boden von Eicheln bedeckt ist und ich streckenweise wie auf Murmeln laufe. Später verfärben sich die Blätter in Braun- und Orangetönen, fallen von den Bäumen, und bei jedem Schritt raschelt es so laut, dass die Tiere mich schon von weitem hören können, bevor es vielleicht wieder anfängt zu schneien.

Das Bild entstand bei einer unverhofften Begegnung mit zwei Haubenmeisen im Wald.

VOGELBEGEGNUNGEN IM WALD

von Gamander

Es gibt viele Vögel und Säugetiere, die im Wald und um ihn herum leben. Doch diese Bewohner zu Gesicht, geschweige denn vor die Kamera zu bekommen, ist eine ganz andere Sache. Um Tiere zu filmen und zu fotografieren, brauchst du häufig etwas Glück. Denn du musst genau zur richtigen Zeit am richtigen Ort sein, um ein bestimmtes Tier, eine Verhaltensweise oder gar Interaktionen zwischen unterschiedlichen Tierarten einzufangen. Die Voraussetzung für solch ein Glück ist jedoch, erst mal sehr viel Zeit draußen zu verbringen, um die Umgebung kennenzulernen. Du musst suchen, warten und beobachten und darfst dabei trotz mancher Fehlschläge nicht aufgeben. Ich kann sehr empfehlen, sich mal einfach so an eine schöne Stelle im Wald ruhig hinzusetzen. Du wirst schon bald feststellen, dass dort alles voller Leben ist.

Mittlerweile hatte ich viele wunderschöne Erlebnisse bei uns im Wald, da ich dort wohl auch die meiste Zeit mit meiner Kamera verbracht habe. Ein Jahr fand ich zum Beispiel das Nest einer Waldohreule und konnte die Jungen lange beobachten, die sich nach Verlassen des Nests als Ästlinge im niedrigen Bewuchs mehr oder weniger gut versteckten. Ich bin vielen Rehen, Mäusen und Kaninchen im Wald begegnet und habe hier zum ersten Mal ein Wildschwein gefilmt, das morgens schnell über die Wiese rannte. Einmal habe ich ein Mehrfamilienhaus im Wald gefunden: In einer abgestorbenen Birke bauten ein Zaunkönig und ein Baumläufer ihre Nester. Beide hatten einen Platz hinter der sich ablösenden Rinde gefunden. Der Zaunkönig wohnte weiter unten und seine Nachbarn, die Baumläufer, kamen häufig bei ihm vorbei auf dem Weg hoch zu ihrem Nest. In der Nähe baute ich mir aus Ästen und Tarnnetzen ein Versteck und konnte viele Interaktionen zwischen den beiden Arten filmen. Am Ende zogen nur die Baumläufer dort tatsächlich ihre Kinder groß, und ich bekam den Moment mit, in dem die drei kleinen Jungen ihr Nest verließen und wie ihre Eltern das erste Mal Bäume von unten beginnend nach oben hinaufliefen.

Nicht immer habe ich für besondere Erlebnisse viel Zeit in einem Versteck verbracht. Manchmal kommen solche Momente auch ganz unverhofft und sind, noch bevor du dein Glück richtig begriffen hast, schon wieder vorbei.

Zwei Haubenmeisen

Ich hatte im Wald viele unvergessliche Erlebnisse. Eine einmalige Begegnung, an die ich mich noch sehr gut erinnern kann, hatte ich im März 2020. Bei einem Spaziergang, bei dem ich meine Kamera griffbereit hatte, bemerkte ich eine Bewegung an einem Baum vor mir: Zwei kleine, braune Vögel waren dort unterwegs und schienen den Baum zu inspizieren. Ich war ganz aufgeregt: zwei Haubenmeisen! Diese Vögel sehen mit ihren Schopffedern, die sie aufstellen können, sehr faszinierend aus.

Sie schauten sich dort ein Loch an, das sie vermutlich als Nistmöglichkeit begutachteten. So flogen sie immer wieder unterschiedliche Stellen des Baumes an und pickten hier und da etwas herum. Das bot fantastische Fotomöglichkeiten und ich bekam an dem Tag die besten Haubenmeisenfotos, die ich bis jetzt machen konnte. Nach einigen Minuten verschwanden die Haubenmeisen dann wieder im Wald und der wunderschöne Augenblick war vorbei. Obwohl ich in den nächsten Wochen noch häufig zu dieser Stelle zurückkam und etwas wartete, habe ich die beiden Haubenmeisen dort leider nicht noch einmal gesehen.

Spechthöhlen im Frühling

Im Winter und frühen Frühling sind Vögel besonders leicht zu beobachten, da die kahlen Bäume einen freien Blick gewähren. Während der Nistzeit kannst du Vögel zuverlässig in der Nähe ihrer Brutstellen antreffen, wobei du hier unbedingt darauf achten musst, sie nicht zu stören. Ich finde es besonders spannend, wenn ich ein Nest über eine längere Zeit beobachte und dadurch mitbekomme, wie emsig die Eltern Futter herbeischaffen und wie schnell die Jungen dabei heranwachsen.

Besonders auffällig sind Buntspechthöhlen. Wenn die Spechtjungen eine bestimmte Größe erreicht haben, sind sie sehr laut und ihre fast unablässigen Bettelrufe klingen weit durch den Wald. Diesen brauchst du nur zu folgen, dann wirst du dich früher oder später vor einem Baum wiederfinden, in dem einige Meter über dem Boden die Jungen in der Bruthöhle sitzen. Oft handelt es sich dabei um einen bereits abgestorbenen Stamm. Hat dieser nur ein Loch, hast du das Nest sofort gefunden, hat er mehrere Löcher, musst du den Baum aus einiger Entfernung beobachten. Sobald dann Buntspechtmama oder -papa zum Füttern kommen, weißt du, welches Loch bewohnt ist.

Über die Jahre habe ich an vielen Buntspechtnestern gefilmt und fotografiert. Manchmal hatte ich in einem Jahr bis zu vier Bruthöhlen, wo ich dann entscheiden konnte, welche mit der Kamera am schönsten aussah. Indem ich mich tarne, kann ich das Risiko einer Störung der Elternvögel recht einfach minimieren. Am meisten habe ich bei den Buntspechten mit dem Tarnzelt, manchmal aber auch mit den im Unterholz aufgespannten Tarnnetzen gearbeitet.

Das Wichtige bei so einem Versteck ist, dass deine Bewegungen, die du im Inneren machst, verschleiert werden. Das Einzige, was die Buntspechte dann draußen noch sehen können, sind die Bewegungen der Kamera. Unmittelbar nach dem Aufbau des Verstecks ist es deswegen häufig am besten, dass sich die Eltern an das neue Objekt gewöhnen und dass du sie erst mal in Ruhe füttern lässt. Danach kann man dann langsam mit dem Fotografieren anfangen, und die Spechte werden sich, meiner Erfahrung nach, recht schnell an das Versteck und das herausschauende Objektiv gewöhnen. So kann man nach einiger Zeit die Kamera bewegen wie man will, und die Spechteltern verhalten sich ganz normal. Es ist außerdem immer gut, ganz egal bei welcher Tierart, das Versteck zunächst weiter weg aufzubauen, und, falls das gut funktioniert und die Tiere nicht stresst, dann erst langsam zu versuchen, es immer näher zu rücken.

Zu Beginn der Jungenaufzucht verschwinden die Spechteltern noch mit der Nahrung in der Höhle. Auf deren Boden, der nur mit einigen Holzspänen bedeckt ist, kuscheln sich die eben geschlüpften Jungen zusammen. Wieder heraus kommen die Eltern häufig mit dem Kot der Jungen, den sie möglichst weit vom Nest entfernt entsorgen. Das Abfliegen von der Höhle eignet sich meiner Erfahrung nach übrigens hervorragend, um Bilder von Spechten im Flug zu machen.

→ Auch Stare bewohnen gerne alte Spechthöhlen.

↓ Die jungen Baumläufer haben erst vor wenigen Minuten ihr Nest verlassen und verstecken sich hinter einem Stück Rinde.

DAS AUSFLIEGEN DER JUNGEN BUNTSPECHTE

beobachtet von Gamander

DURCH DAS BESTÄNDIGE FÜTTERN mit eiweißreicher Nahrung wachsen die kleinen Spechte sehr schnell heran. Die Eltern verschwinden nur noch selten ganz im Inneren der Höhle, zunächst lehnen sie sich noch ein gutes Stück hinein, aber bald kannst du die ersten Schnäbel der Jungvögel am Spechtloch beobachten. Ab diesem Zeitpunkt warten die Jungen am Höhleneingang und werden dort von den Eltern gefüttert. Sobald die Jungen regelmäßig aus dem Spechtloch in die Welt hinausblicken, kannst du damit rechnen, dass sie in ungefähr sieben Tagen die Höhle verlassen werden. Genau diesen Moment des Ausfliegens mit der Kamera einzufangen, ist mit quasi jedem Vogelnest mein Ziel, denn das ist vielleicht der aufregendste Moment im Leben eines Jungvogels. Die Vögel stürzen sich in ein neues Leben, fliegen das erste Mal und können nun die Welt erkunden. Doch da das Ganze immer nur einmal passiert und der Tag nie genau vorhersehbar ist, ist es auch dementsprechend schwierig, diesen Moment abzupassen und zu filmen.

Im Jahr 2020 machte ich mich am frühen Vormittag auf den Weg zu einem Buntspechtnest im Wald, das ich schon seit etwa drei Wochen beobachtet hatte. Ich stellte wie immer zuerst mein Tarnzelt auf, schlüpfte hinein und baute meine Kamera auf. Dabei wurde ich die ganze Zeit von dem Spechtjungen beobachtet, das gerade an der Reihe war, aus der Höhle herauszugucken. Und noch während ich die Kamera aufbaute, sprang dieses Junge auf einmal aus dem Nest und fand sich eher bruchlandungsmäßig rechts von mir unter einer kleinen Fichte auf dem Boden wieder. Natürlich ärgerte ich mich, dass ich noch nicht bereit gewesen war, aber gleichzeitig war ich auch so aufgeregt über das, was ich gerade erlebt hatte, dass für Ärger nicht viel Zeit blieb.

Während ich das Junge am Boden filmte, schaute auch schon das nächste aus der Höhle. Zum einen wollte ich unbedingt festhalten, wie das erste Spechtjunge nun langsam versuchte, die Fichte, unter der es gelandet war, zu erklimmen, zum anderen aber auf gar keinen Fall auch noch das Ausfliegen des zweiten Jungen verpassen. Am Ende entschied ich mich trotzdem, das ausgeflogene Junge zu filmen. Dabei hatte ich aber auch ständig das andere am Eingang der Höhle im Blick, damit ich bei den leisesten Anzeichen schnell mit der Kamera umschwenken könnte. Nach zehn stressigen Minuten war das mutige erste Junge in der Mitte der kleinen Fichte angekommen und hatte es sich dort auf einem Ast in der Sonne etwa drei Meter über dem Boden bequem gemacht.

Jetzt konnte auch ich endlich zur Ruhe kommen und mich auf das Junge am Eingang konzentrieren. Schon bald tauchten die Eltern auf und fütterten, als wenn nichts passiert wäre, am Höhleneingang. Das wiederholte sich noch mehrere Male, und ich wartete die ganze Zeit auf den Moment, in dem das zweite Kleine sich trauen würde, den Sprung zu machen. Immer, wenn es sich besonders weit aus der Höhle reckte, dachte ich, jetzt ist es so weit, aber es wollte einfach nicht los. Sicherheitshalber filmte ich aber die ganze Zeit durch, und das bewährte sich schließlich auch. Nach zwei Stunden stürzte sich das Junge wie aus dem Nichts plötzlich aus der Höhle. Diesmal gab es keine Bruchlandung, sondern es flog zum nächsten Baum und landete dort geschickt am Stamm. Geradezu unspektakulär, als hätte es das schon oft gemacht, war das Kleine ohne jedes Anzeichen einfach aus der Höhle gesprungen. Aber auch wenn es so einfach wirkte, war es doch ein ganz besonderer Moment im Leben dieses Vogels, und ich war überglücklich, dass ich den hatte filmen können.

Natürlich kam direkt das nächste Junge an den Eingang, doch hier wartete ich vergeblich. Eigentlich hatte ich nur ein bis zwei Stunden im Wald bleiben wollen, sagte meinen Eltern aber Bescheid, dass ich nicht zum Mittagessen kommen würde, und am frühen Abend brachten sie mir dann beim Spaziergang etwas Essen vorbei. Vor lauter Aufregung war mir gar nicht aufgefallen, wie viel Hunger ich hatte. Bis zum Dunkelwerden hielt ich noch durch, doch das letzte Junge wollte einfach nicht losfliegen. Schließlich packte ich meine Sachen zusammen. Am nächsten Morgen hatte ich Schule, und als ich mittags zum Nest kam, war es leer und alle Buntspechtjungen waren ausgeflogen. Damit hatte ich schon gerechnet und mir blieb nur zu hoffen, dass es alle Jungen geschafft hatten und dass ich vielleicht in den nächsten Jahren wiederum deren Junge beim Ausfliegen filmen könnte.

BEIM FILMEN VON TIEREN verbringt man zwar viel Zeit mit Warten, aber wenn etwas passiert, geschehen oft plötzlich mehrere Sachen auf einmal, und man weiß gar nicht, wohin man seine Kamera richten soll. In so einem Moment ist es besser, sich für ein Geschehen zu entscheiden und sich auf dieses richtig zu konzentrieren, da man sonst leicht beides verpasst. Deswegen hilft es, sich im Vorhinein Gedanken zu machen, was man eigentlich filmen will, sodass man seine Prioritäten in hektischen Momenten kennt.

DIE ‚HASENSIEDLUNG' IM WALD

geschrieben von Una

Wenn ich mal nicht meine typische Runde im Wald gehe, führt mich der zweithäufigste Weg durch die von uns so genannte ‚Hasensiedlung'. Dafür biege ich der alten Zugtrasse folgend nach links ab und kurz darauf ist der schmale Weg beidseitig von sandigen Hängen gesäumt, die immer höher und steiler werden. Anders als der Name suggeriert, wird die ‚Hasensiedlung' nicht von Hasen, aber dafür von sehr vielen Kaninchen bewohnt, und an den Hängen reiht sich ein Loch ans andere. Man muss genau hinschauen, um die gut getarnten bräunlich grauen Wildkaninchen zwischen den Brombeerranken oder jungen Bäumen zu entdecken. Aber fast immer hocken zumindest vor einem der vielen Eingänge ein oder mehrere Tiere. Trotz ihrer guten Tarnung sind sie sehr vorsichtig und verschwinden, wenn man näherkommt, lieber mit zwei raschen Sprüngen im Erdinneren. Spätestens durch das Rascheln im Laub oder die plötzliche Bewegung bemerke ich, dass ich vorher beobachtet wurde. Dann bekomme ich oft nur noch die weiße Schwanzunterseite, die in der Jägersprache sehr schön Blume heißt, zu sehen. In den frühen Morgen- und Abendstunden kann man die Kaninchen auch auf der Wiese, die oberhalb des Hanges liegt, beobachten. Seit einem Jahr jedoch ist die ‚Hasensiedlung' so gut wie unbewohnt und die Kaninchen sind plötzlich verschwunden. Wahrscheinlich sind sie einer Krankheit zum Opfer gefallen. Nur ihre Löcher sind noch da und unsere Erinnerung an sie durch den leicht falschen Ortsnamen.

WILDSCHWEINE

Während ich eigentlich auf jedem Spaziergang einmal eine Amsel im Gebüsch herumhüpfen sehe, oft den Specht an einem Baum klopfen höre und auch den Rehen regelmäßig begegne, sehe ich von anderen Tieren immer nur die Spuren. So ist unser umliegender Wald zum Beispiel voller Wildschweine. Obwohl es so viele sind und die Zahlen immer noch steigen, läuft man ihnen (zum Glück) kaum über den Weg, da sie nachtaktiv sind und sich vom Menschen möglichst fernhalten. Dafür kann man genau erkennen, wo sie in der Dunkelheit entlanggelaufen sind, wenn man am nächsten Morgen durch den Wald geht. Auf der Suche nach Nüssen, Pilzen, Eicheln und anderem Fressbaren durchwühlen sie den Boden und hinterlassen ein Feld der Verwüstung. Dabei halten sie sich meist an die schmalen Waldwege, wühlen links und rechts davon alles auf, manchmal bleibt auch der Weg selbst nicht verschont, und auch mitten auf den Wiesen treiben sie ihr Unwesen. In letzter Zeit heben die Schweine sogar tiefe Kuhlen aus, die aussehen, als hätte jemand mit dem Spaten oder gar Bagger im Wald gegraben.

↑ Eine Wildkaninchenmutter mit ihrem Jungen

→ Der Waldkauz ist ein häufiger, aber heimlicher Bewohner unserer Wälder.

← Rehsilhouette durch Bäume im Vordergrund fotografiert

→ Mein erstes und einziges Kuckuckfoto

↓ Mäusebussard im Regen

SONY
α
1

KAMERA-AUSRÜSTUNG

Im Prinzip kannst du mit jeder Kamera Tierfotos machen, besonders in Städten sogar auch mit dem Handy. Dort kannst du vermehrt zutrauliche Tiere finden, dann funktioniert das gut. Normalerweise brauchst du bei der Tierfotografie jedoch vor allem ein Teleobjektiv mit mindestens 200 mm bis besser noch 600 mm Brennweite. Die Kamera dazu spielt im Vergleich eine geringere Rolle, sodass ich empfehlen würde, das Geld eher in ein gutes Teleobjektiv als in eine teure Kamera zu stecken. Wenn du auch filmen willst, ist außerdem ein Stativ mit Videoschwenkkopf unerlässlich.

Meine erste Filmkamera war ein kleiner Camcorder, der zwar keine hochwertigen Aufnahmen machte, aber eine gute Zoomfunktion hatte, und für mich den preisgünstigen und idealen Einstieg ins Tierfilmen bot. Insbesondere am Anfang sind Leidenschaft und Geduld wichtiger als die perfekte Kameraausrüstung.

Für die, die es interessiert: Die meisten Aufnahmen in diesem Buch sind mit meiner Sony Alpha 1 zusammen mit dem Sony 200–600 mm und dem 400 mm F/2.8 GM Objektiv entstanden.

Bei den Füchsen —

EINIGE WUNDERBARE ERLEBNISSE

FÜCHSE

beobachtet von Una

← Eine ganz besondere Fuchsbegegnung bei Sonnenuntergang

→ Im Gebüsch ist der Fuchs nur schwer zu erkennen.

ZWEI GROSSE SPITZE OHREN, eine elegant gezeichnete Schnauze, rötlich schimmerndes Fell und ein buschiger Schwanz. Füchse sind sehr schöne Tiere und überall in Europa, aber auch in Asien und Nordamerika weit verbreitet. Bei uns sind sie, abgesehen vom vereinzelten Wolf und Luchs, das größte Raubtier; jagen Vögel, Kaninchen, Hasen, Mäuse und ernähren sich auch von Aas. Als Allesfresser vertilgen Füchse jedoch außerdem Früchte, Insekten sowie Regenwürmer und können ihre Ernährung leicht den jeweiligen Umständen anpassen.

Auch wenn Füchse in Deutschland so weit verbreitet und vielerorts zu Hause sind, sieht man sie nicht oft, weil sie hauptsächlich in der Dämmerung und nachts unterwegs sind und sich vorsichtig verhalten. Manchmal kannst du aber einen Fuchs spätabends vom Auto aus im schwachen Licht einer Straßenlaterne erblicken, wie er einen Moment an einer Böschung entlangläuft, bevor er wieder in der Dunkelheit verschwindet.

BEOBACHTUNGEN IN DER WINTERZEIT

Aber in den kalten Wintermonaten, in die auch die Paarungszeit fällt, kannst du Füchse mit etwas Glück auch tagsüber beobachten. An einem Wintermorgen mit viel Schnee sahen wir einmal von unserem Wohnzimmer aus einen Fuchs auf der anderen Bachseite entlangschnüffeln, wo die Nachbarn den Krähen manchmal Essensreste hinlegten. Tiere halten auch das menschliche Tun in ihrer Umgebung zu jeder Zeit genau im Blick, und so hatte sich wohl auch der Fuchs von dem Nahrungsangebot anlocken lassen. Durch Hunger getrieben sind viele Tiere im Winter bereit, größere Risiken einzugehen, und du kannst sie leichter beobachten. Fasziniert schauten wir zu, wie er anfing zu fressen. So nah an unserem Haus hatten wir noch keinen Fuchs gesehen. Kurz darauf wurde er jedoch von einem plötzlichen Geräusch aufgeschreckt, schnappte sich kurzerhand die ganze Futterschale und lief mit ihr im Maul in Richtung Sumpf davon. Ein anderes Mal konnten wir an einem sonnigen Wintertag beobachten, wie sich Fuchs und Füchsin auf der Wiese minutenlang gegenseitig verfolgten, dass der Schnee nur so herumstob. Welche zum Teil schon fast angsteinflößenden Laute die Füchse dabei ausstoßen, konnten wir letztes Jahr kurz nach Weihnachten hören, als Gamander und ich mit unserer Mutter im Wald auf zwei Füchse bei ihren Paarungsritualen trafen. Bei der gegenseitigen Verfolgung stießen sie eine Mischung aus Bellen und fast menschlichen Schreien aus, die laut durch die Bäume und kalte Winterluft hallten.

UNSER TIPP
Häufig suchen Füchse auf frisch abgemähten Wiesen nach Nahrung. Hier lohnt es sich, morgens und abends nach ihnen Ausschau zu halten.

FÜCHSE IN SCHWEDEN

Unsere erste wirklich nahe Fuchsbegegnung hatten wir aber nicht bei uns zu Hause, sondern im Familienurlaub in Schweden, wo wir für drei Wochen ein Haus gemietet hatten. Dieses stand inmitten einer Wiese, umgeben von noch mehr Wiesen und dahinter kamen typisch skandinavische, von Flechten behangene Nadelwälder. Meine Eltern und ich saßen, wie oft nachmittags, draußen am Gartentisch, wo wir Reisetagebuch schrieben, zeichneten oder lasen und darauf hofften, dass Kraniche oder sogar Elche aus dem Wald spaziert kamen. Da lief plötzlich Gamander aufgeregt auf uns zu: Er hatte hinter dem Haus einen kleinen Fuchs entdeckt! Wir ließen alles stehen und liegen und folgten dem jungen Fuchs aus der Ferne auf seinem Weg über die Wiesen. Durch das Fernglas beobachteten wir, wie er mit hoch erhobenem Schwanz im frisch gemähten Heu herumschnüffelte, nach Schnaken schnappte, neugierig hin und her lief und uns vor lauter Konzentration entweder nicht bemerkte oder sich von unserer Anwesenheit nicht stören ließ, weil er die Angst vor den Menschen erst noch lernen musste. Meine Eltern und ich blieben schließlich in einiger Entfernung stehen, um ihn nicht doch noch zu verschrecken, während Gamander sich vorsichtig mit der Kamera immer näher heranwagte.

MEINE UNGLAUBLICHE BEGEGNUNG MIT EINEM FUCHSJUNGEN

aus Gamanders Feldtagebuch, Schweden, 19.7.2015

DAS STATIV STAND VON GESTERN NOCH IM TARNZELT, also ging ich mittags kurz hin, um es zu holen. Als ich außer Atem beim Zelt ankomme und gerade die Tür bzw. Klappe öffnen will, fällt mir etwas auf: ein kleiner brauner Hubbel, der nun seinen Kopf hebt. Es ist ein sehr kleiner und so süßer Fuchs, dass man sich im Zaum halten muss, um nicht hinzurennen, ihn hochzuheben und zu knuddeln. Der kleine Kerl hat mich offenbar noch nicht bemerkt. Ich ärgere mich furchtbar, dass ich keine Kamera dabeihabe, aber bleibe kurz regungslos stehen, um ihn zu beobachten. Langsam ziehe ich mich auf die nächste Wiese zurück und renne von dort, so schnell ich kann, zum Haus.

Dort erkläre ich kurz, was los ist, schnappe mir die Filmkamera und renne zurück zum Zaun. Das Tarnzelt ist ziemlich weit weg, davor der Fuchs. Ich renne noch ein Stück, den Rest gehe ich langsam und gebückt. Ich öffne die Zelttür, schnalle die Kamera auf das Stativ, öffne die Klappe und fange an, den Fuchs zu filmen. Er hat offenbar nichts bemerkt und führt seine Nahrungssuche ungestört fort. Immer wieder steckt er, wenn er etwas Essbares entdeckt hat, seine kleine schwarze Nasenspitze tief ins Gras, schnappt sich etwas und kaut danach genüsslich darauf herum.

So verschwindet er langsam in Richtung Scheune und wechselt dann rüber auf die nächste Wiese. Ich überlege kurz, gehe ihm eilig nach, und als ich fast beim Zaun angelangt bin, sehe ich ihn wieder, immer noch nach Futter suchend. Mama, Papa und Una schauen ihm vom Weg aus zu, auf den das Füchslein nun zusteuert, den er dann überquert, um in Richtung der wilderen Kuhwiese zu laufen. Schnell schlüpfe ich durch den Zaun und renne zu den anderen. Die Kühe stehen auf der linken Seite der Wiese, der kleine Fuchs starrt sie gebannt an und kommt ihnen neugierig immer näher und näher. Die Kühe sind genauso interessiert wie der Fuchs und gehen plötzlich auch auf ihn zu. Der arme kleine Kerl kriegt einen Riesenschreck und rennt, so schnell er kann, runter von der Wiese und in den Wald.

Ich will ihn unbedingt verfolgen, und so gehe ich, während die anderen zurückbleiben, den Waldrand entlang. Und tatsächlich, auf der Wiese hinter der Kuhwiese trabt der kleine Fuchs herum. Als ich auf einen Steinwall klettere, guckt er kurz zu mir auf, senkt aber sofort wieder seinen Kopf. Als ich genauer hingucke, entdecke ich weiter hinten auf der Wiese noch einen Fuchs, der derselben Betätigung nachgeht. Ich filme die Füchse, bis die SD-Karte voll ist. Grrrrr! Ich muss wieder zum Haus rennen, tausche die Karte von der Filmkamera mit der der Fotokamera, hänge mir beide um den Hals und renne zurück. Als ich am Steinwall ankomme, ist der Fuchs, den ich als erstes sah, noch da, der zweite aber ist verschwunden. Das Füchslein entfernt sich langsam von mir, obwohl es mich nicht bemerkt hat.

Es ist etwa in der Mitte der Wiese, als ich es wage, mich näher heranzuschleichen. Erst als ich vom Waldrand aus ungefähr auf seiner Höhe bin, klettere ich über den Zaun und suche mir die beste Perspektive. Der Fuchs schlendert herum und verschwindet hinter einer kleinen Anhöhe. So kann ich mich im Schutz des Hügels ganz langsam an ihn heranschleichen. Als ich dann sehr dicht dran bin und tolle Nahaufnahmen mache, hat der kleine Fuchs mich immer noch nicht bemerkt. Und als er mich dann schließlich doch wahrnimmt, blinzelt er mich an, schnuppert und stellt den Schwanz auf. Nun kommt er zu meinem großen Erstaunen näher, hat den Kopf aber nie direkt zu mir gerichtet, sondern guckt mich nur aus dem Augenwinkel an. Er dreht einen Halbkreis um mich, wieder zurück und wieder einen Halbkreis und wieder zurück. Dabei schaut er mich weiterhin aus dem Augenwinkel an, bleibt ab und zu aber stehen, um seinen Kopf zu mir zu richten und zu schnuppern. Als der Fuchs noch einmal einen Halbkreis um mich geht, fahre ich das Stativ langsam ein und setze mich auf den Boden. Währenddessen hat sich der verspielte Fuchs eine Feder genommen, die auf der Wiese lag, und kaut ein bisschen darauf herum. Dann kommt er wieder vorsichtig immer näher und näher. So wie bei den Kühen zeigt er mir gegenüber (solange ich keine falsche Bewegung mache) keine Scheu. Vorsichtig strecke ich meine Hand aus, und der Fuchs ist nur noch einen Wimpernschlag von mir entfernt, als er sich überlegt, doch noch eine Runde um mich herum zu drehen. Als ich erneut meine Hand ausstrecke, leider zu abrupt, ist er mit ein paar Sprüngen wieder weg.

Er bleibt noch länger auf der Wiese, verschwindet aber schließlich wieder in Richtung der Kühe. So klettere ich über den Zaun zurück und mache mich auf den Heimweg. An der Kuhwiese erschrecke ich den Fuchs aus Versehen noch einmal, als ich durchs Unterholz kraxele. Als ich wieder auf den Weg komme, rennt der Fuchs gerade auch hinüber und endgültig in den Wald hinein. Das war mein schönstes Erlebnis mit einem Wildtier!

MIT ZEHN JAHREN bekam ich als erste Kamera die Pentax X5, eine Bridgekamera. Die war relativ preiswert und half mir, meine Leidenschaft für die Tierfotografie zu entwickeln. Weil ich auch anfing zu filmen, wünschte ich mir zwei Jahre später einen Panasonic HC-V250 Camcorder mit 50x Zoom. Ich liebte diese kleine Filmkamera und war damit von nun an jeden Tag draußen unterwegs, und hielt mit ihr auch meine Begegnung mit dem kleinen Fuchs in Schweden fest.

AUF DER SUCHE NACH FUCHSBAUTEN

beobachtet von Una

← Fuchsjunge rangeln häufig mit ihren Geschwistern.

↙ Nach langem Spielen wird man irgendwann aber auch müde.

Füchse ziehen ihre Jungen in unterirdischen selbst gebauten Höhlen auf, die sie manchmal selbst graben, oft quartieren sie sich aber in alte oder sogar noch bewohnte Dachsburgen ein. In diesen Wohngemeinschaften leben manchmal auch noch Kaninchen. Solche Bauten sind meist ein System von Tunneln und Höhlen mit mehreren Ausgängen, deren Ausdehnung von außen oft schwer zu ermessen ist, und nicht nur die Möglichkeit zur schnellen Flucht bietet, sondern auch zum Umzug innerhalb des Baus, wenn sich zum Beispiel in einer Höhle zu viel Ungeziefer eingenistet hat.

Ein Fuchs ist bei uns im Wald in die ‚Hasensiedlung' gezogen. Seinen Bau kann man an dem deutlich größeren Loch erkennen, das ins Erdinnere führt. Ein Anzeichen dafür, dass ein Bau aktuell bewohnt ist, ist frisch aufgewühlte Erde und ein Eingangsloch, in dem kein altes Laub oder Zweige liegen. Wenn man Glück hat, sieht man manchmal auch Pfotenabdrücke in der frisch aufgeworfenen Erde. Insbesondere im Frühling, wenn die Füchse ihre Jungen bekommen, halten wir alle nach diesen Anzeichen Ausschau. Mittlerweile wissen wir auch von anderen Stellen im Wald, an denen Füchse schon einmal einen ihrer Würfe großgezogen haben. So etwa nur wenige Meter entfernt oberhalb der ‚Hasensiedlung', wo nicht weit vom Trampelpfad umgestürzte Bäume eine kleine Öffnung im Gehölz geschaffen haben, in deren Mitte ein einfaches Loch in die Erde führt. Dort konnte Gamander einen Frühling lang eine Fuchsfamilie begleiten.

Je nach Nahrungsangebot kann das Streifgebiet eines Fuchses zwischen 200 und 700 Hektar umfassen, also zwischen 28 und fast 100 Fußballfeldern, sodass man nur schwer voraussagen kann, wo und wann man einem Fuchs über den Weg laufen wird. Doch während der Jungenaufzucht ist der Bau ein fester Punkt, an dem man sie zuverlässig antreffen wird. Die Jungen spielen davor und die Mutter muss regelmäßig zu ihnen zurückkehren, erst, um sie zu säugen, und später, um feste Nahrung zu bringen. Einen Bau zu finden, bietet also eine gute Möglichkeit Füchse zu beobachten, bei der man aber besonders behutsam vorgehen muss.

JUNGENAUFZUCHT

Pro Wurf werden im März oder April meistens zwischen vier und sechs Junge geboren, die die Fuchsmutter in den ersten drei bis vier Wochen ausschließlich säugt. Während dieser Zeit verlässt sie den Bau kaum und der Rüde versorgt sie mit Futter. Ab der vierten Woche nehmen die Jungen erste feste Nahrung zu sich und unternehmen vereinzelt schon kurze Ausflüge ans Tageslicht. Ab diesem Zeitpunkt geht auch die Fuchsmutter wieder auf die Jagd, und die Jungen sind für längere Zeit auf sich allein gestellt. Meistens kann man im Mai die Jungen in den frühen Morgen- und

Abendstunden vor dem Bau beobachten, wo sie auf die Eltern wartend neugierig die Umgebung erkunden. Im oft witzigen Spiel miteinander lernen die Jungen zu jagen und zu kämpfen. Der Schwanz der anderen wird zum Beutetier, den es zu fangen gilt, und sie üben Sprünge, mit denen sie später auf Mäusejagd gehen werden.

Wenn du eine Fuchsfamilie an ihrem Bau beobachten möchtest, musst du natürlich äußerst vorsichtig sein, um die Kleinen nicht zu erschrecken oder gar die Elterntiere davon abzuhalten, zum Bau zurückzukehren. Die meisten Fuchsbauten, die wir kennen, liegen in der Nähe von Wegen, sodass die Füchse an Menschen in der Umgebung gewöhnt sind und man sie manchmal sogar direkt vom Weg aus beobachten kann. Bei Bauten, die weiter im Waldesinneren liegen, ist besondere Vorsicht erforderlich. Bei der Naturbeobachtung befindest du dich als Gast im Revier der Tiere und musst unbedingt Rücksicht nehmen, indem du einen genügenden Sicherheitsabstand einhältst und dich ihnen gegenüber stets respektvoll verhältst.

AM FUCHSBAU IM FRÜHLINGSWALD

von Gamander beobachtet

2021 hatte ich trotz intensiver Suche nicht das Glück, einen Fuchsbau zu finden. Im Jahr darauf wollte ich es aber unbedingt wieder versuchen. Meine erste Anlaufstelle ist immer das Überprüfen alter Fuchsbauten. Doch weder da noch bei diversen vielversprechend aussehenden Erdlöchern, die ich oder meine Familie beim Spaziergang gefunden haben, hatte ich Glück. Auf den Aufnahmen der Wildkamera, die ich zur Überprüfung aufstellte, waren immer nur Kaninchen, Rehe und auch mal eine Rotte Wildschweine zu sehen. Aber der Fuchs blieb verborgen.

Es ging langsam schon auf Mai zu. Bald würden die Füchse aus dem Bau kommen, was mir allerdings nicht helfen würde, wenn ich nicht wüsste, wo. Also entschied ich mich an einem Morgen Ende April nochmal loszustiefeln, irgendwo mussten die Füchse ja sein. Im Zickzack ging ich so stundenlang durch den Wald in der Hoffnung, irgendwo eine bewohnte Bauanlage zu finden. Irgendwann kam ich an eine Stelle, an der ich vorher noch nie gewesen war. Auf einem Hügel standen zu meiner Rechten große Fichten, der Hang war mit lichten Kiefern bewachsen und unten gab es dichte, junge Sträucher. Ich wollte mir diesen einen Platz noch angucken, danach aber wirklich nach Hause gehen. Und siehe da, eine alte Bauanlage tauchte vor mir auf, was ein gutes Zeichen sein konnte. Und das war es auch! Ein paar Meter weiter waren viele Erdlöcher mit frisch aufgeworfener Erde zu erkennen. Aufgeregt ging ich ein wenig näher. Ich stellte die Wildkamera an einem Baum auf und wagte mich dann vorsichtig noch ein bisschen näher, um zu schauen, ob vielleicht irgendwelche Pfotenabdrücke zu erkennen waren. Und tatsächlich – alles war voller kleiner Tupfen in der lockeren Erde. Unverkennbar die Spuren von Jungfüchsen! Langsam zog ich mich zurück und ging überglücklich nach Hause.

Vorbereitungen

Meine nächste Aufgabe war jetzt, eine geeignete Stelle für ein Versteck zu finden, von dem aus ich die Füchse sehen könnte, ohne dass sie mich bemerken, um so zu gewährleisten, dass ich die Fuchsfamilie in den kommenden Wochen mit der Kamera begleiten konnte, ohne sie zu stören. Da die Füchse vor allem morgens und abends aktiv sind, machte ich mich am nächsten Tag mittags auf den Weg zum Fuchsbau. Ich ging zunächst in einem großen Bogen um die Bauanlage herum und hatte so relativ schnell eine geeignete Stelle für mein Versteck gefunden. Nachdem ich dort probehalber die Kamera aufgebaut hatte, um zu sehen, ob es ein schönes Bild geben würde, spannte ich zwischen zwei Bäumen mein Tarnnetz auf. Nach einer halben Stunde stand nun mein fertiges Versteck etwa vierzig Meter vom Bau entfernt, und ich zog mich wieder zurück.

Der erste Abend

Erst mal gab ich den Füchsen nun ein paar Tage Zeit, sich an das Versteck und damit an die Veränderung ihrer Umgebung zu gewöhnen. Aber schließlich saß ich dann Anfang Mai an einem Nachmittag gegen 16 Uhr endlich mit aufgebauter Kamera hinter dem Tarnnetz und wartete auf die Fuchsfamilie, die, wie ich inzwischen von meiner Wildkamera wusste, ganz sicher hier wohnte. Die Vögel sangen, der Wald war voller Geräusche und es war angenehm warm. Ein wunderschöner Frühlingstag ging langsam zu Ende, doch am Bau passierte erst einmal nichts. Bis dann plötzlich nach zwei Stunden ein kleines, unfassbar süßes Fuchsjunges aus dem hintersten Erdloch auftauchte. Es streckte sich einmal, gähnte und blinzelte in die immer tieferstehende Sonne.

In solchen Momenten vergesse ich immer alles um mich herum. Es ist ein unfassbar schönes Gefühl, wenn das Tier, auf das du so lange gewartet hast, endlich vor dir auftaucht.

Ich bin ganz in dem Moment, versuche, mit meiner Kamera alles einzufangen, und hoffe, dass ich durch meine Aufnahmen auch ein Stück von diesem Erlebnis mit anderen teilen kann. Wenig später kam auch noch ein zweites Fuchsjunges aus dem Bau und dann ein drittes. Alle erkundeten ein wenig die Umgebung und schnüffelten an Bäumen und Sträuchern herum und immer wieder gab es ein wenig spielerisches Gerangel.

In den nächsten Stunden zogen sich die Jungen immer wieder in ihre Höhle zurück, kamen dann nochmal kurz raus, um im nächsten Moment wieder zu verschwinden. Um kurz nach acht wurde es langsam zu dunkel für die Kamera, und auch die Jungen hatte ich länger nicht mehr gesehen, sodass ich schon überlegte, für heute Schluss zu machen. Aber plötzlich kamen nicht nur drei, sondern fünf Fuchsjunge aus dem Bau gestürmt und aus dem Nichts tauchte die Fuchsmutter auf! Sie beobachtete aufmerksam die Gegend, während sie die Jungen trinken ließ. Anschließend lief sie ein wenig herum und verschwand auch einmal kurz im Bau, immer dicht gefolgt von den Jungen, die alle um die Aufmerksamkeit der Mutter zu ringen schienen. Nachdem sie überall nach dem Rechten geschaut hatte, säugte die Mutter die Fuchsjungen ein letztes Mal, bevor sie, genauso heimlich wie sie aufgetaucht war, wieder im Wald verschwand. Gestärkt blieben die Jungen noch etwas draußen zum Spielen, bevor sie sich endgültig in ihren Bau zurückzogen.

Mittlerweile war es stockfinster. Ich wartete noch eine Viertelstunde ab, um mir sicher zu sein, dass die Luft rein und die Mutter wirklich weg war, dann nahm ich ganz leise meine Sachen und zog mich langsam zurück. Im dunklen Wald querfeldein zu laufen, ist gar nicht so einfach. Erst zweihundert Meter weiter packte ich meine Kamera und das Stativ richtig ein, was am Bau viel zu laut gewesen wäre, und fand dann irgendwann auch den Weg, der mich nach Hause führte. Ich war überglücklich und voller Vorfreude auf die kommenden Wochen.

IM VERSTECK AM FUCHSBAU. Nach einigen Tagen Eingewöhnungszeit warte ich zum ersten Mal im Versteck. Nach zwei Stunden tauchen die süßen Jungen schließlich auf und fangen ungestört an zu spielen. Das eine Junge übt bereits den Sprung für die Mäusejagd, auch wenn hier noch das Geschwisterchen für die Maus einsteht.

Im Versteck am Fuchsbau

In den nächsten drei Wochen verbrachte ich so viele Abende und Morgen wie möglich in meinem Versteck. An manchen Tagen kam nur mal kurz für zehn Minuten ein Fuchsjunges heraus, an anderen wiederum lief alles perfekt und ich konnte besondere Aufnahmen machen. Etwa eine Woche, nachdem ich den Fuchsbau entdeckt hatte, war ein sehr regnerischer Tag und ich war mir unsicher, ob ich am Nachmittag wirklich losgehen sollte, entschied mich schließlich aber doch dafür. Die Stimmung vor dem Bau war bei Regen eine andere. An diesem Tag kam immer wieder nur ein Fuchsjunges heraus, das neugierig probierte, auf einem Kiefernzapfen herumzukauen. Ich war schon zufrieden, diese Szene filmen zu können, als plötzlich von hinten zwei spitze Ohren und dann eine Nase auftauchten: die Fuchsmutter! Es war gerade mal 19:00 Uhr und noch taghell! So früh hatte ich noch nie eine Fuchsmutter am Bau gesehen. Nach einem kurzen Lagecheck kam sie näher. Das Junge ließ seinen Zapfen liegen und lief schwanzwedelnd zu seiner Mutter, um sie zu begrüßen, und begann auch sofort zu trinken. Dabei guckte sie auch immer wieder in meine Richtung, ließ ihr Junges aber weiter entspannt trinken, bevor sie dann wieder im Wald verschwand. Solche Begegnungen sind etwas ganz Besonderes, und ich bin sehr dankbar, dass ich in so intimen Momenten dabei sein darf. Das zeigt mir auch, dass ich mit der Wahl meines Verstecks alles richtig gemacht habe, weil die Fuchsmutter ungestört zum Bau kommt und ihre Jungen versorgt.

Die Fuchsmutter bringt Beute

Wenn ich morgens zu den Füchsen gegangen bin, musste ich mir den Wecker auf 3:40 Uhr stellen. So hatte ich genug Zeit, die halbe Stunde Wegstrecke durch den Wald zurückzulegen und trotzdem eine Stunde vor Sonnenaufgang vorbereitet in meinem Versteck zu sitzen. Ein Morgen ist mir dabei besonders in Erinnerung geblieben. Mit meiner ganzen, mit etwa zwölf Kilo recht schweren Ausrüstung im Dunkeln bergauf und bergab zu laufen, ist ziemlich anstrengend. Dementsprechend warm ist mir dabei morgens geworden. Wenn ich dann aber noch im Dunkeln im Versteck vor meiner Kamera sitze, die Vögel langsam anfangen aufzuwachen und zu singen, ist es wieder kalt. Doch an diesem Morgen lohnte sich die Anstrengung. Nach einer halben Stunde tauchte die Fuchsmutter mit einem Stück Fleisch aus dem Wald auf. Die Jungen erwarteten sie bereits und kamen freudig aus dem Bau gerannt. Die Mutter übergab den Jungen den Brocken an einem der hinteren Eingänge. Alle wollten ein Stück abhaben und fingen lautstark unter großem Gewusel an, sich darum zu streiten. Der Großteil des Geschehens war für mich vom Farn verdeckt, der mittlerweile immer schneller wuchs. Doch akustisch erfüllten die Jungen mit ihrem Gezanke den morgendlichen Wald. Sie machten

→ Eine Fuchsmutter säugt ihr Junges.

↓ Die Fuchsjungen habe ich gegen den Abendhimmel fotografiert.

dabei Geräusche, die man so gar nicht erwarten würde: von einem Knurren bis hin zu schrillen Schreien. Diese Laute habe ich immer dann gehört, wenn die Fuchsmutter feste Nahrung brachte. Letztere verschwand nach einiger Zeit wieder und einzelne Jungen kamen mit ihren ergatterten Fleischfetzen nach vorne, um in Ruhe darauf herumzukauen, nach einiger Zeit zogen sich alle gesättigt in den Bau zurück.

Doch in den nächsten Stunden tauchte die Mutter noch zweimal mit großen Brocken Fleisch auf, die sie zu dem hinteren Eingang brachte, die Jungen kamen jedoch gar nicht mehr heraus. Ein solches Verhalten konnte ich noch nie beobachten, und ich war sehr aufgeregt. Die Fuchsmutter musste einen Kadaver gefunden haben und legte jetzt einen Vorrat an, von dem die Familie ein paar Tage leben konnte.

Neugierig kommt dieses Fuchsjunge etwas näher an mein Versteck heran.

An den Morgen, die ich am Fuchsbau verbrachte, machte ich außerdem die Bekanntschaft mit einem Rehbock. Dieser kam manchmal an meinem Versteck vorbeispaziert und konnte sich wohl keinen Reim darauf machen, wer oder was das war. Er war superneugierig und kam immer näher, guckte, rannte kurz etwas weg und kam dann wieder mutig bis auf zwei Meter heran. Er bemerkte offensichtlich, dass hier irgendetwas nicht ganz stimmte, und schwankte zwischen Misstrauen und Neugier, bis er irgendwann einfach das Interesse verlor und langsam weiter seiner Wege ging.

Ein perfekter Abend

Nach einiger Zeit wurde mir der Farn zum Problem, denn er drohte, meinen Blick auf den Bau komplett zu versperren. Doch etwa drei Wochen nach dem Finden des Baus hatte ich noch einen sehr schönen Abend mit den Fuchsjungen. Es war ein sonniger Tag, und drei von ihnen kamen bereits um 17 Uhr aus dem Bau. Dieses Mal gingen sie nicht wie sonst immer nach einiger Zeit in den Bau zurück, sondern spielten und erkundeten intensiv ihre Umgebung. Das Licht war wunderbar und die Jungen blieben größtenteils genau da, wo ich mit der Kamera perfekte Bilder und Filmaufnahmen machen konnte. Nach zwei Stunden Spielen wurde dann das erste Junge müde und legte sich zum Schlafen hin. Das fanden die anderen überhaupt keine gute Idee und ließen es nicht in Ruhe. Doch das Kleine ließ sich von Knabbern am Ohr und Bissen in den Schwanz nicht stören und steckte mit seiner Müdigkeit nach und nach auch die anderen an. So endete es damit, dass sich alle drei Jungen hintereinander aufgereiht aufrollten und einschliefen. Das war eine unfassbar süße und friedliche Szene. Dieser ganz besondere Abend war ein wunderschöner Abschluss für die Zeit, die ich mit dieser Fuchsfamilie verbrachte. Denn in den nächsten Tagen kamen die Fuchsjungen nur noch aus dem Bau, um gleich im dichten Wald zu verschwinden. Und ich konnte so noch ein paar letzte Blicke auf sie werfen, bevor der Farn so hochgewachsen war, dass ich etwas wehmütig mein Versteck wieder abbaute.

DER FUCHS IN DER STADT

geschrieben von Una

Inzwischen ist es vielerorts sogar wahrscheinlicher, Füchsen in Stadtgebieten als im Wald zu begegnen. Während eines Familienurlaubs, den wir in Großbritannien verbrachten, hielten wir vergeblich in den Hügeln von Wales nach dem vierbeinigen Pelzfreund Ausschau, nur um ihn dann eines Abends in den Straßen der Londoner Vorstadt anzutreffen, wo er zwischen Autos hindurchschlüpfte und in einem der vielen Gärten verschwand. Auch in Köln kann man abends einem Fuchs begegnen oder ihn durch die Hintergärten huschen sehen. Friedhöfe und Parkanlagen bieten größere Grünflächen, in denen die Füchse insbesondere nachts meist ungestört sind. Auch wenn der Fuchs für viele ein typisches Waldtier ist, bieten Städte neben geeigneten neuen Lebensräumen auch ein großes Nahrungsangebot, da Füchse als Allesfresser auch gerne Essensreste und Abfälle vertilgen. Die direkte Nähe zum Menschen bedeutet hier nicht Gefahr, sondern bietet sogar Schutz, weil in dicht besiedelten Orten die freie Jagd verboten ist. Allerdings stellt der Straßenverkehr natürlich eine neue Gefahrenquelle dar. Dank seiner Neugier und großen Anpassungsfähigkeit konnten sich die Füchse so einen neuen Lebensraum erschließen und lernen, von unserer Nähe zu profitieren.

Füchse wohnen oft nicht weit von uns Menschen entfernt, nur sind sie gut darin, sich zu verstecken. Dass wir auf unserem täglichen Weg in die Schule jahrelang an einem Fuchsbau vorbeigefahren sind, ohne ihn zu entdecken, bemerkten wir erst, als wir früh am Morgen in der Dunkelheit zwei Fuchsjunge am Straßenrand spielen sahen. Um einen Fuchs zu treffen, muss man also die Augen offenhalten, aber auch ein bisschen Glück haben.

LICHT-VERHÄLTNISSE

Beim Arbeiten mit wilden Tieren bist du eigentlich immer auf natürliches Licht angewiesen. Das schönste Licht hast du morgens und abends, wenn der Sonnenaufgang oder Sonnenuntergang alles in warme Farben taucht. Wenn zusätzlich Nebel aufzieht, kannst du insbesondere im Gegenlicht wunderbare Ergebnisse erzielen. Sobald die Sonne einmal hoch am Himmel steht, ist das Licht sehr hart, und man hat schnell mit starken Schatten in seinem Motiv zu kämpfen. Wolken hingegen können dir zwar gerne einmal einen Sonnenaufgang vermiesen, leuchten dafür aber tagsüber alle Motive schön weich aus, indem sie die Helligkeit deutlich abschwächen. Ich kann aber grundsätzlich empfehlen, nicht zu sehr über das Licht nachzudenken, sondern sich immer primär am Tier zu orientieren. Eine tolle Verhaltensweise zu filmen, ist meiner Ansicht nach fast immer spannender als das beste Licht. Im Idealfall kommt aber alles zusammen und du kannst etwas Spannendes bei schönem Licht festhalten.

Mäuse – KLEINE FLINKE WESEN

MÄUSE

geschrieben von Una

Für diese Gelbhalsmaus wirkt die Distel wahrscheinlich wie ein kleiner Wald.

ALS KLEINE, SICH JEDOCH IN GROSSER ANZAHL vermehrende Nagetiere haben Mäuse beim Menschen eher einen schlechten Ruf. Oft wird einfach von ‚Maus' gesprochen, in Wahrheit gibt es aber viele verschiedene Arten, die sich zum Teil nur schwer auseinanderhalten lassen. Bei uns gehören Wühlmäuse, die Gelbhalsmaus, Haus-, Feld- und Waldmaus zu den am weitesten verbreiteten Arten. Die Wühlmaus unterscheidet sich deutlich von den anderen Mäusen. Mit ihren kleinen Augen und Ohren sind Wühlmäuse gut an ein Leben in unterirdischen Gängesystemen angepasst, mitunter untergraben sie den gesamten Rasen. Bei Gartenbesitzern sind sie besonders unbeliebt, da sie sich von Pflanzen und Wurzeln ernähren, und so kommt es vor, dass unsere Mutter zusehen kann, wie im Hochbeet vor ihren Augen eine gerade gesetzte Pflanze unter der Erde verschwindet. Ausgewachsene Wühlmäuse können erstaunlich groß sein und werden deutlich kräftiger als zum Beispiel Feld- und Waldmäuse.

Die Hausmaus findet man besonders problematisch, wenn sie sich in die Dämmung frisst oder sich in Küche oder Vorratskammer am Essen vergreift. Doch Mäuse gibt es überall, und auch wenn sie sich an dem großen Nahrungsangebot in der Nähe des Menschen erfreuen, finden sie sich vor allem draußen in Gärten, in städtischen Parks und im Wald. Wenn du genauer hinschaust, kannst du vielerorts kleine runde Mäuselöcher im Boden entdecken, und im Wald hört man es immer wieder im trockenen Laub rascheln.

Zwar leben auch die anderen Arten in unterirdischen Bauten, aber anders als Wühlmäuse kommen sie, da sie sich hauptsächlich von Samen und Nüssen ernähren, für die Nahrungssuche nach draußen, sodass du sie häufiger antriffst und mit etwas Glück auch beobachten kannst. Allerdings sind Mäuse sehr scheu und blitzschnell wieder in ihrem Loch verschwunden, bevor du sie richtig sehen kannst. Nur großer Hunger und daraus resultierender Energiemangel kann dazu führen, dass sie nicht sofort untertauchen und sich etwas länger beobachten lassen. Sie sind sehr geschickte und agile Tiere. Viele können ohne Probleme niedrige Büsche hinaufklettern und sich durch kleinste Öffnungen zwängen.

EINE MÄUSEFAMILIE IM STADTPARK

beobachtet von Gamander

Mäuse kannst du also überall finden. Egal ob im Garten, im Wald, am Haus, in den Städten, am Wasser, im Park, sie sind einfach überall. Aber dennoch ist es gar nicht so einfach, diese flinken, kleinen Tiere zu fotografieren. Denn wenn man sie sieht, nimmt man meist nur eine schnelle Bewegung aus dem Augenwinkel wahr und schon sind sie wieder weg. Ich freue mich immer wieder, wenn ich dann doch eine Stelle finde, an der zuverlässig Mäuse zu sehen sind. Im Jahr 2019 fand ich im Wald zum Beispiel einen wunderschönen, moosbewachsenen, umgefallenen Baumstamm, in dem eine Familie von Rötelmäusen wohnte. Über mehrere Wochen konnte ich ihr Treiben beobachten. Sie liefen im Baumstamm hin und her, streckten hier und dort ihre Köpfe heraus, und ich konnte auch Rangeleien zwischen ihnen filmen.

Deswegen freute ich mich Ende 2022 sehr über eine Entdeckung, die ich machte. Ich war auf dem Fahrrad im Park unterwegs und bemerkte beim Vorbeifahren ein paar Vögel, die von der Umrandung eines Hochbeets aufflogen. Jemand hatte dort Sonnenblumenkerne ausgestreut. Also habe ich meine Kamera ausgepackt und schon nach kurzer Zeit hatte ich die ersten schönen Rotkehlchenbilder. Doch plötzlich nahm ich eine blitzschnelle Bewegung wahr: Eine kleine Maus! Sie bediente sich auch an den Sonnenblumenkernen! Ich freute mich sehr, besonders, da ich dieses Jahr noch gar keine Mäuse fotografiert hatte. Immer wieder tauchte die Maus auf, krabbelte kurz auf die Umrandungsmauer und verschwand wieder. Recht schnell konnte ich meine ersten Mausfotos machen. Als es langsam dunkel wurde, kamen sogar noch ein paar mehr dazu. Aber das Licht war schon so schlecht, dass ich beschloss, für heute nach Hause zu fahren.

UNSER TIPP

Wenn du es im Unterholz im Laub rascheln hörst, kann es gut eine Maus sein. Stehst du dann ganz still und wartest ein bisschen, bekommst du sie vielleicht zu Gesicht.

Eine noch junge Wühlmaus hat sich aus ihrem Bau gewagt.

MÄUSEFOTOGRAFIEREN AM ABEND

Zu Hause las ich nach, um welche Mäuse es sich handeln könnte, und es waren entweder Gelbhals- oder Waldmäuse. Beide sehen fast identisch aus und sind durch ihre großen Augen klar als nachtaktiv zu erkennen. Deswegen kommen die Mäuse in der Winterzeit frühestens um 16 Uhr heraus, meistens jedoch noch etwas später. Also machte ich mich in den nächsten Tagen und Wochen meist gegen 15 Uhr auf den Weg. Einmal probierte ich es auch morgens, aber leider ohne Erfolg. Ich verbrachte viele Abende an dem Hochbeet und wartete darauf, dass die Mäuse aus ihren Löchern kamen. Während ich wartete, kam auch das neugierige Rotkehlchen jedes Mal vorbei und holte sich etwas von dem ausgestreuten Vogelfutter. Es schien keine Scheu zu kennen und landete häufig direkt neben mir oder auf meinem Rucksack.

Das Lauern vorm Mauseloch

Wann die Mäuse rauskamen, war von Tag zu Tag unterschiedlich, manchmal erst, wenn es ganz dunkel war, andere Male schon viel früher. Ich bekam den Eindruck, dass sie der Hunger besonders an sehr kalten Tagen, an denen alles gefroren war, früher heraustrieb. Denn an genau so einem Tag erschienen die Mäuse schon kurz nach vier, und ich stellte fest, dass ich mich mit dem 70-200 mm Objektiv direkt vor sie an die Hochbeetmauer setzen konnte. Vorher hatte ich immer möglichst viel Abstand zu ihnen gehalten, um sie nicht zu verschrecken. Doch von der Mauer aus konnte ich so nah sehr gut fotografieren. Und es schien die Kleinen tatsächlich gar nicht zu stören. Ich hatte von hier aus auch einen perfekten Blick auf ein Mauseloch, aus dem zuverlässig immer wieder welche auftauchten. Und wenn sie anschließend nicht zurück im Loch verschwanden, war zu meiner Linken ein Rosmarinbusch, unter dem sie sich sehr wohlzufühlen schienen.

Bald beobachtete ich, dass auch immer wieder eine Maus durch die Distelpflanze vor mir durchflitzte und dabei an einer ganz bestimmten Stelle ihren Kopf durch die Blätter steckte. Auf diesen Moment wartete ich also mit der Kamera im Anschlag. Und wenig später hatte ich tatsächlich Glück und bekam genau das Foto, das ich wollte: die Maus inmitten der wunderschön gefrorenen Blätter. Während es dunkel wurde, bemerkte ich, dass es immer mehr Mäuse wurden. Sie saßen als größere Gruppe im Kreis beieinander und knabberten zusammen an dem Futter. Als sechs Mäuse so nebeneinanderhockten, konnte ich in dem Moment ein schönes Foto machen, als eine von ihnen genau zu mir in die Kamera schaute. Es sah aus wie eine kleine Weihnachtsparty.

Mäuse im Schnee

An einem Morgen schneite es ganz unverhofft. Aber leider nur ziemlich leicht, und der Wetterbericht meinte, nur für eine Stunde. Deshalb machte ich mir keine großen Hoffnungen, dass es am Abend, wenn die Mäuse herauskamen, noch weiß sein würde. Aber ich hatte Glück: Es schneite doch den ganzen Tag weiter und schon bald lag überall eine zehn Zentimeter dicke Schicht. Und so machte ich mich, kurz bevor es dunkel wurde, mit dem Fahrrad auf den Weg zu den Mäusen. Es war sehr glatt, aber ich schaffte es zum Glück ohne Unfälle zu meinem Lieblingsbeet. Auch wenn schon recht schnell das Rotkehlchen auftauchte, ließen die Mäuse auf sich warten. Alles sah perfekt aus, und eine Maus im Schnee wäre traumhaft gewesen, aber sie wollten einfach nicht erscheinen. Nach fast zwei Stunden war es bald so dunkel, dass ich mir Sorgen machte, ob überhaupt noch jemand kommen würde. Vielleicht waren ihnen die Kälte und das Weiße einfach zu ungemütlich und sie blieben lieber zu Hause.

Im letzten Licht

Doch das Glück war weiterhin auf meiner Seite: Aus dem Augenwinkel sah ich eine schnelle Bewegung und kurz darauf schaute eine Maus aus ihrem verschneiten Loch. Sie wich immer wieder zurück in ihren Bau und schaute kurz darauf erneut aus ihrer Höhle. Ich brauchte ein bisschen, um eine gute Kameraperspektive zu finden. Weil es so dunkel war, hatte ich auch Probleme, die Maus richtig zu fokussieren. Ich konnte etwa zwanzig Bilder von der Maus in ihrer neuen, verschneiten Umgebung machen, und eins davon war tatsächlich scharf. Ich freute mich total und bekam an diesem Abend auch tatsächlich keine Chance mehr auf weitere Bilder. Denn nach kurzem Blick in die verschneite Welt verschwand die Maus erst mal wieder in ihrem Loch, und als dann schließlich noch einmal zwei Mäuse auftauchten, war es schon zu dunkel für meine Kamera. Trotzdem beobachtete ich die süßen Tiere noch ein wenig und machte mich irgendwann völlig durchgefroren auf den Heimweg, um erst einmal warm zu duschen.

Wintervorräte anlegen

In den nächsten zwei Monaten verbrachte ich weiterhin viele Abende bei den Mäusen und hatte verschiedene Ideen im Kopf. Ich probierte zum Beispiel, die Kamera mit einem Weitwinkelobjektiv näher an den Eingang zu stellen, um von weiter weg mit einem Fernauslöser auf den richtigen Moment zu warten und so die Mäuse aus einer anderen Perspektive zu fotografieren. Das klappte schon nach zwei Tagen. Außerdem konnte ich durch die viele Zeit, die ich bei dem Beet verbrachte, immer wieder unverhoffte und mir neue Verhaltensweisen beobachten. An einem Abend war mein Lieblings-Fotomauseloch nämlich plötzlich mit Blättern zugestopft, und die Mäuse nahmen sich draußen Sonnenblumenkerne, quetschten sich an den Blättern vorbei hinein und kamen im nächsten Moment ohne Sonnenblumenkerne wieder raus. Es war sehr schön, die vier Mäuse beim Auffüllen der Vorräte zu beobachten und zu filmen. Ich war beeindruckt, dass die Mäuse zusammenarbeiteten und anscheinend eine gemeinsame Vorratskammer anlegten. Und es war witzig mit anzuschauen, wie eine Maus nach der anderen vorbei an den Blättern im Loch verschwand und danach auch eine nach der anderen wieder daraus hervorkam und mit ein paar Sprüngen auf der Suche nach weiteren Leckereien verschwand. Am Ende wurde das Loch komplett mit Blättern verschlossen, um ihre Vorratskammer frostsicher zu machen und gut zu verbergen. Das Ganze passierte an einem Abend und von da an blieb dieses Loch auch zu, was etwas schade war, weil ich hier besonders gut filmen konnte. Dieser besondere Abend, bei dem ich so gut das soziale Verhalten der Mäuse beobachten konnte, hat mich aber dafür entschädigt.

Nach einiger Wartezeit kam die Gelbhalsmaus im Halbdunkel aus ihrem verschneiten Loch.

Nach kurzem Blick in die verschneite Welt verschwand die Maus wieder in ihrem Loch.

Gamander

Mäusesprung

Und es gab noch ein anderes Foto, das ich unbedingt bekommen wollte. Die Mäuse huschten nämlich nicht nur im Beet hin und her, sondern sie hüpften auch ganz gerne mal. Sie sprangen häufig gut einen halben Meter weit, da sie so schneller vorankommen konnten. Das Ganze sah toll aus, aber passierte nicht jeden Abend, und wenn, dann plötzlich und war schnell wieder vorbei. Nach etwa einer Woche hatte ich zumindest eine Stelle gefunden, über die die Mäuse scheinbar besonders gerne sprangen. Sie hüpften von einem unbewachsenen Fleck über ein paar Pflanzen auf einen anderen. Also harrte ich mit der Kamera aus, um diesen Sprung einfangen zu können. Mein größtes Problem, abgesehen von dem Verhalten der Mäuse, war bei diesem Foto die Dunkelheit. Ich brauchte kurze Belichtungszeiten, um die Mäuse im „Flug" einfrieren zu können, aber die Mäuse kamen fast immer erst heraus, wenn es schon zu dunkel war. Dann waren sie so schnell, dass der Autofokus meiner Kamera nicht mithalten konnte. Deswegen war meine einzige Option, manuell auf eine Stelle scharfzustellen, an der die Mäuse nach meiner Kalkulation „vorbeifliegen" würden. So machte ich über mehrere Wochen Tausende von Fotos, und am Ende hatte ich einige wenige Bilder, auf denen die Maus in der Luft und im Fokus war.

Kleine Kletterer

Ein anderes Verhalten, das ich immer wieder kurz beobachten konnte, möchte ich auch noch schildern. Die Mäuse kletterten im Rosmarinbusch links von mir die Äste rauf. Das wollte ich unbedingt filmen und fotografieren, aber das stellte sich ebenfalls als nicht einfach heraus. Erst mal war immer die Frage, ob die Mäuse an dem Tag überhaupt in der Stimmung waren zu klettern. Zusätzlich kam auch hier immer die Dunkelheit als Problem hinzu, verstärkt dadurch, dass es auf den besagten Ästen schattig und damit noch dunkler war. Nach einigen Tagen Beobachtung fand ich heraus, wo die Mäuse gerne hochgingen, und versuchte, das dann in der folgenden Zeit zu filmen und zu fotografieren. Etwa einen Monat arbeitete ich daran, eine kleine Sequenz von den kletternden Mäusen aufzunehmen. So genau konnte ich das Klettern von Mäusen noch nie beobachten. Mit welcher Leichtigkeit sie rauf und runter liefen, um sich ein Rosmarinblatt abzuzwicken, hat mich wirklich beeindruckt.

Ich hoffe, dass die Familie Gelbhalsmäuse noch lange in meinem Beet im Park weiterleben wird und dass ich noch viel Zeit mit ihnen werde verbringen können. Auch wenn Mäuse vielleicht nicht die beliebtesten Wildtiere sind, ist es doch erstaunlich, was man alles beobachten kann. Das gilt eigentlich für alle Tiere, dabei ist es egal, ob sie klein oder groß, in einem fernen Land oder direkt bei dir vor der Haustür leben. Nur weil ich so viel Zeit mit der Mausfamilie verbrachte, konnte ich sie beim Springen, Klettern, Putzen, Rennen, Zanken und, nicht zu vergessen, auch bei ihrer Weihnachtsfeier beobachten. Und die war wirklich extrem süß!

EINZIGARTIGE SPITZMÄUSE

beobachtet von Una

BEI UNS IM GARTEN unter der Balkontreppe leben Spitzmäuse. Trotz ihrer ähnlichen Farbe und Größe und dem irreführenden Namen gehören Spitzmäuse jedoch nicht zu den Nagetieren, sondern sind mit Maulwurf und Igel verwandt und somit Insektenfresser. Mit ihrem Gebiss voller spitzer Zähne können sie Chitinpanzer problemlos knacken und ihre Beute anschließend zerkauen. Und mit ihrem schmalen, meist sechs bis zehn Zentimeter langen Körper, der sich in der spitzen, fast rüsselartigen Schnauze, die rundherum von Schnurrbarthaaren gesäumt ist, fortsetzt, und den winzigen, kleiner als stecknadelkopfgroßen Augen, sind Spitzmäuse eine skurrile Erscheinung.

Während die Familie der Spitzmäuse weltweit über dreihundertfünfzig Arten umfasst, leben in Deutschland sechs: die Garten-, Feld-, Haus-, Sumpf-, Wasser-, Wald- und Zwergspitzmaus. Die Namen beschreiben bereits ihren jeweiligen Lebensraum, wobei die Zwergspitzmaus ebenfalls im Wald zu Hause ist. Spitzmäuse sind in vielerlei Hinsicht faszinierende Tiere und weisen viele einzigartige Besonderheiten auf. So gehören sie zu den wenigen giftigen Säugetieren und können ihre Beute mithilfe von Drüsen, die sich im Unterkiefer befinden, lähmen und auf diese Weise auch größere Tiere erlegen, wie zum Beispiel Kröten. Der Wasserspitzmaus, die schwimmen und tauchen kann, gelingt es auf diese Weise, auch kleine Fische zu fangen und zu verspeisen. Zur Abschreckung eigener potenzieller Fressfeinde wie Wiesel und Marder, strömen Spitzmäuse einen moschusartigen Geruch durch Hautdrüsen aus. Sollte die Katze einmal eine Spitzmaus fangen, frisst sie sie deswegen nicht auf. Für die Orientierung verlassen sich Spitzmäuse weniger auf ihre Augen als auf Geruchssinn und Gehör, und weisen auch hier wieder eine Besonderheit auf: Sie verwenden wie Fledermäuse Echoortung, dabei stoßen sie hohe Töne aus, deren zurückprallende Schallwellen ihnen als Orientierungshilfe dienen. Die

meisten dieser Töne sind dabei so hoch, dass wir Menschen sie mit unserem Gehör nicht wahrnehmen können und nur vereinzeltes Fiepen hören. Ob sie die Echoortung auch zum Aufspüren von Beute einsetzen, ist bis jetzt allerdings noch unklar.

Wenn ich draußen im Garten bin, höre ich manchmal das Fiepen der Spitzmäuse, und wenn ich lange genug sitzen bleibe und mich ruhig verhalte, kann ich die ein oder andere zwischen den Blumentöpfen umherhuschen sehen. Sie ernähren sich hauptsächlich von Insekten, Larven und Regenwürmern, nehmen ab und zu aber auch pflanzliche Nahrung wie Samen und Nüsse zu sich, und bei uns naschen sie manchmal von den Vogelfutterkrümeln, die von der Terrasse zwischen die Töpfe fallen. Das Herz einer Spitzmaus schlägt achthundert bis tausend Mal in der Minute, und durch ihren hohen Stoffwechsel ist sie immer nur zwei Stunden vom Hungertod entfernt. Ein zuverlässiges Nahrungsangebot ist essentiell, da sie täglich fast ihr eigenes Körpergewicht von etwa zehn Gramm zu sich nehmen muss. Besonders schwierig ist das Überleben in der kalten Jahreszeit, da Spitzmäuse weder Winterschlaf noch -ruhe halten, sondern stetig ihren Hunger stillen müssen. Neue Forschungen haben herausgefunden, dass Waldspitzmäuse jedoch einen Weg gefunden haben, einer möglichen Unterversorgung entgegenzuwirken, indem sie im Winter schrumpfen und im Sommer wieder größer werden, wobei sie sogar ihre Knochensubstanz erst ab- und dann wieder aufbauen. Das kleine Tier steckt wirklich voller Überraschungen und eine Besonderheit reiht sich an die nächste. Dabei werden Spitzmäuse höchstens zwei Jahre alt, und das Durchschnittsalter liegt sogar nur bei dreizehn Monaten.

Außerhalb der Paarungszeit sind Spitzmäuse meist Einzelgänger. Bei bis zu vier Würfen im Jahr mit jeweils vier bis sechs Jungen haben die Weibchen zwischen Februar und Oktober jedoch sehr viel zu tun. Ihre Nester bauen sie bevorzugt in Stein- oder Laubhaufen, aber auch ein Komposthaufen bietet sich an, der im Winter zudem für eine wohlige Wärme sorgt. Bei uns wohnen die Spitzmäuse nicht nur unter der Treppe, sondern im vergangenen Jahr baute eine Mutter ihr Nest auch in einem alten Gartensack auf dem Kaninchenstall.

Feld-, Haus- und Gartenspitzmaus gehören zur Unterfamilie der Weißzahnspitzmäuse, bei denen man ein ganz besonderes Verhalten beobachten kann: Wenn Gefahr droht und Mutter und Nachwuchs zusammen das Nest verlassen müssen, kommt es zu sogenannten „Umzugskarawanen", bei denen Mutter und Junge eine lange Kette bilden, indem sie jeweils in die Schwanzwurzel der Vordermaus beißen und sich so aneinander festhalten. Mit der Mutter voran wird durch die Verkettung nicht nur sichergestellt, dass niemand verloren geht, sondern auch potenzielle Feinde können dadurch abgeschreckt werden. Anstatt eines kleinen Tierleins haben es diese auf einmal mit einem viel größeren, schlangenartigen Wesen zu tun. Leider konnte ich dieses Phänomen selbst noch nicht beobachten und kenne es bis jetzt nur aus Büchern.

IGEL ALS NÄCHSTE VERWANDTE VON SPITZMÄUSEN fehlen leider in unserem winzigen Garten. Nur ein einziges Mal kamen zwei kleine Igel vorbei, die mit ihrer Mutter vor dem Mähroboter der Nachbarn geflüchtet waren und es noch schafften, sich durch die nachbarlichen Zäune zu zwängen. Am helllichten Tag liefen sie über unsere Wiese, wo unser Kaninchen sie neugierig beschnupperte und Gamander ein paar Fotos machen konnte, bevor sie am Bachufer entlang wieder verschwanden.

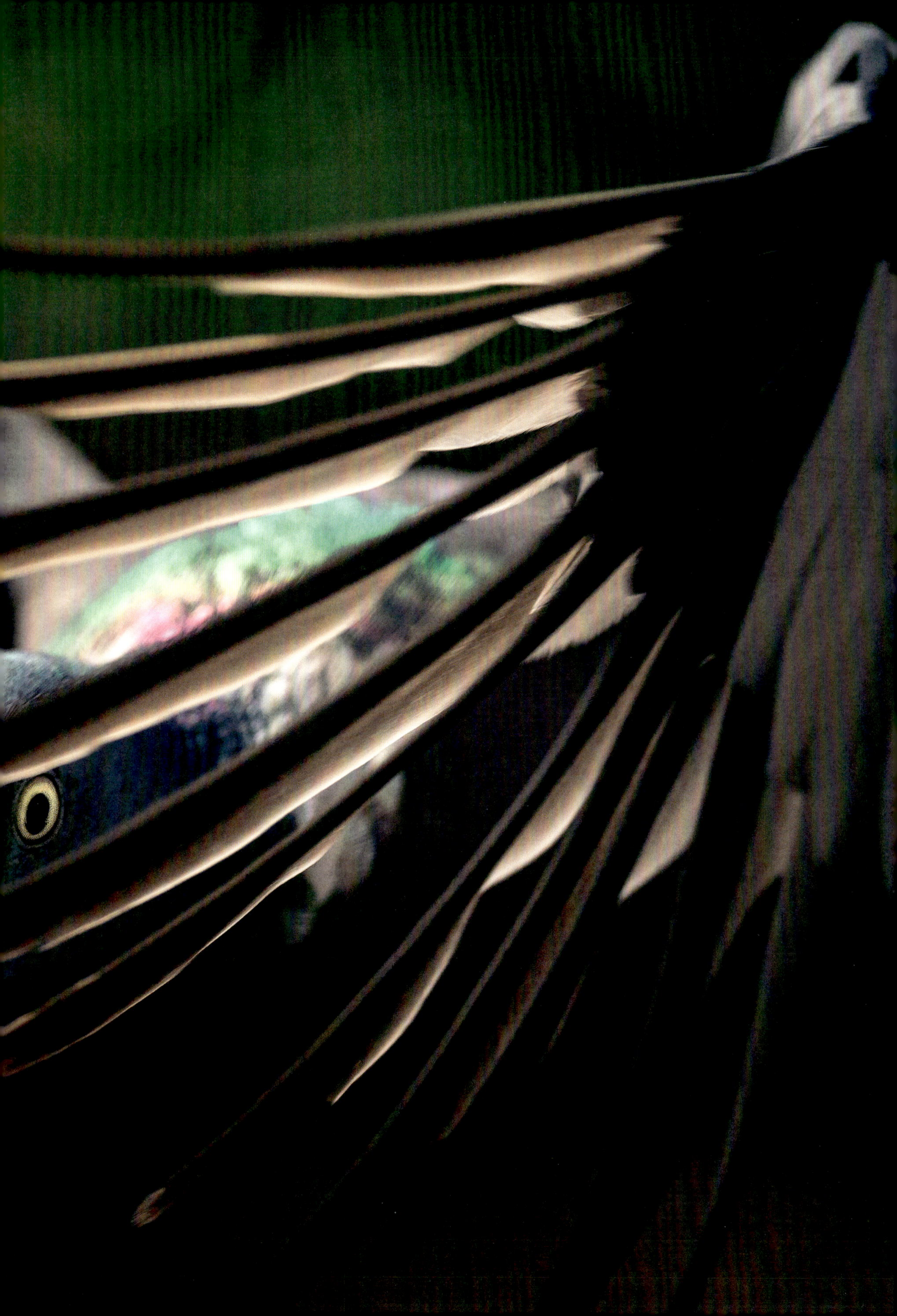

TECHNISCHE GRUNDLAGEN EINER KAMERA

Beim Fotografieren gibt es drei grundlegende technische Faktoren, die du kennen musst: Blende, Belichtungszeit und ISO. Die Blende befindet sich im Objektiv und kontrolliert, wie viel Licht durch das Objektiv zum Kamerasensor durchdringt. Meistens wählt man zum Fotografieren von Tieren eine möglichst offene Blende, um so viel Licht wie möglich zu bekommen. Das vergrößert den Spielraum bei ISO und Belichtungszeit. Außerdem entsteht so ein unscharfer und verschwommener Hintergrund, der die Aufmerksamkeit des Betrachters ganz auf das Tier lenkt.

Mit der Belichtungszeit legt man fest, wie lange Licht auf den Sensor fällt. Besonders bei kleinen Vögeln braucht man hier eine kurze Belichtungszeit, um deren schnelle Bewegungen einfrieren zu können und keine verwischten oder unscharfen Bilder zu bekommen. Damit das Bild durch die kurze Belichtungszeit aber nicht zu dunkel wird, kann man die Lichtempfindlichkeit der Kamera, den ISO-Wert, höherstellen. Zu lernen, mit all diesen technischen Einstellungen umzugehen, kann etwas länger dauern, ist aber für jede Art von Fotografie notwendig.

Vögel am Wasser –

GEBIRGSSTELZE, WASSERAMSEL UND EISVOGEL

LEBENSRAUM WASSER

geschrieben von Una

← Dieser Graureiher lauert im Wasser seiner Beute auf.

→ Gleich taucht die Wasseramsel ins Wasser ein.

WÄHREND DER WALD Säugetieren wie Füchsen, Wildschweinen, Kaninchen, Rehen, aber auch einer großen Anzahl an Vögeln ein Zuhause bietet, ist für andere Tierarten das Wasser ein wichtiger Lebensraum. In Bächen, Flüssen und Seen leben nicht nur Fische. Auch Amphibien, also Frösche, Molche und Kröten, sind auf Feuchtgebiete angewiesen. Ebenso sind viele Insektenarten auf das Leben im Wasser spezialisiert. So leben die Larven der Köcherfliegen und der Libellen zum Beispiel vollständig unter Wasser, bevor sie an Land gehen, nach der Metamorphose Flügel bekommen und sich dann in der Luft fortbewegen.

Bäche, Flüsse oder Seen, die in der Nähe von Städten liegen, dienen den Menschen häufig als Naherholungsgebiet und sind dementsprechend stark frequentiert: von Leuten, die ihren Hund ausführen, Familien, Fahrradfahrern und Spaziergängern. Aber auch wenn diese Orte oft zivilisationsnah liegen und nicht den Eindruck von unberührter oder gar wilder Natur erwecken, bieten die Gewässer und umliegenden Ufer doch vielen Tieren einen sicheren Lebensraum, und die Artenvielfalt ist erstaunlich groß, sodass du, wenn du genau hinschaust, vieles entdecken kannst.

BACH- UND GEBIRGSSTELZEN

Zu einem Süßwasserökosystem gehört auch eine große Anzahl an Vogelarten, die zum Teil nur die Nähe von Wasser brauchen, während andere sich ganz in ihm zu Hause fühlen. Der Schilfrohrsänger zum Beispiel baut sein Nest, wie der Name bereits verrät, in Schilf- oder Binsenstreifen und ist ganz an ein Leben in der feuchten Ufervegetation angepasst. Während Schilfrohrsänger auch besonders an stehenden Gewässern anzutreffen sind, gehören Stelzen zu den Vogelarten, die nur an den Ufern fließender Gewässer leben. Bei uns in Deutschland kann man insbesondere die Bachstelze und die Gebirgsstelze beobachten. Beide Stelzenarten haben einen niedrigen und schmalen Körperbau, und besonders auffällig ist ihr langer Schwanz, der noch einmal die Länge ihres Körpers misst, dabei jedoch nicht unproportional, sondern filigran und elegant wirkt.

→ Die Gebirgsstelze sammelt Nistmaterial.

↓ Diese Bachstelze jagt über dem Wasser nach Insekten.

Die Bachstelze hat einen schwarzen Kopf, graues Gefieder und eine helle Unterseite, Gebirgsstelzen hingegen haben ein gelbgrünes Gefieder auf der Körperunterseite, das sich deutlich von den schwarzen Flügeln und Schwanzfedern und dem Grau des sonstigen Gefieders abhebt. Wenn die Stelzen kurz auffliegen, um in der Luft nach einem Insekt zu schnappen, fächern sie Flügel und Schwanzfedern auf und ähneln durch die flatterige Bewegung, mit der sie manchmal an derselben Stelle schweben können, ein bisschen Kolibris in langen Ballkleidern. Eine einzigartige Besonderheit bei allen Stelzen ist die ständige wippende Bewegung, die sie mit ihrem langen Schwanz ausführen, als würde in ihnen ein kleiner Motor laufen, den sie nicht abstellen können. Den Grund für dieses ununterbrochene Auf- und Abwippen konnte auch die Forschung noch nicht endgültig finden. Eine mögliche Theorie ist, dass es die Verdauung unterstützt, andere vermuten, dass es den Tieren als Mittel der Kommunikation untereinander dient. Durch diese ständige Bewegung wirken die Stelzen einerseits nervös, andererseits aber auch sehr aufgeweckt und allzeit zum Auffliegen bereit.

Bachstelzen kann man auch oft in anderen europäischen Ländern begegnen. In verschiedenen Urlauben in Frankreich, Schweden oder England sahen wir sie an Bächen und Flüssen, aber auch an einfachen Wassertränken für die Kühe. An einem Nachmittag am Rande eines Sees in Schweden liefen zwei Stelzen, während wir einen Kaffee tranken, die ganze Zeit nicht weit von uns entfernt auf dem geschotterten Weg entlang, mit dem Schwanz wippend und immer wieder lostrippelnd und hoch hüpfend, um eine Mücke zu fangen. Gebirgsstelzen und Bachstelzen ernähren sich vor allem von Insekten, die sie in Ufernähe, aber auch auf umliegenden Wiesen fangen. Sie können durch flaches Wasser laufen und picken darin nach Larven, können aber auch Mücken und kleine Fliegen, die in feuchten Gebieten oft geballt vorkommen, im Flug aufnehmen. Ganz ins Wasser tauchen Stelzen jedoch nicht.

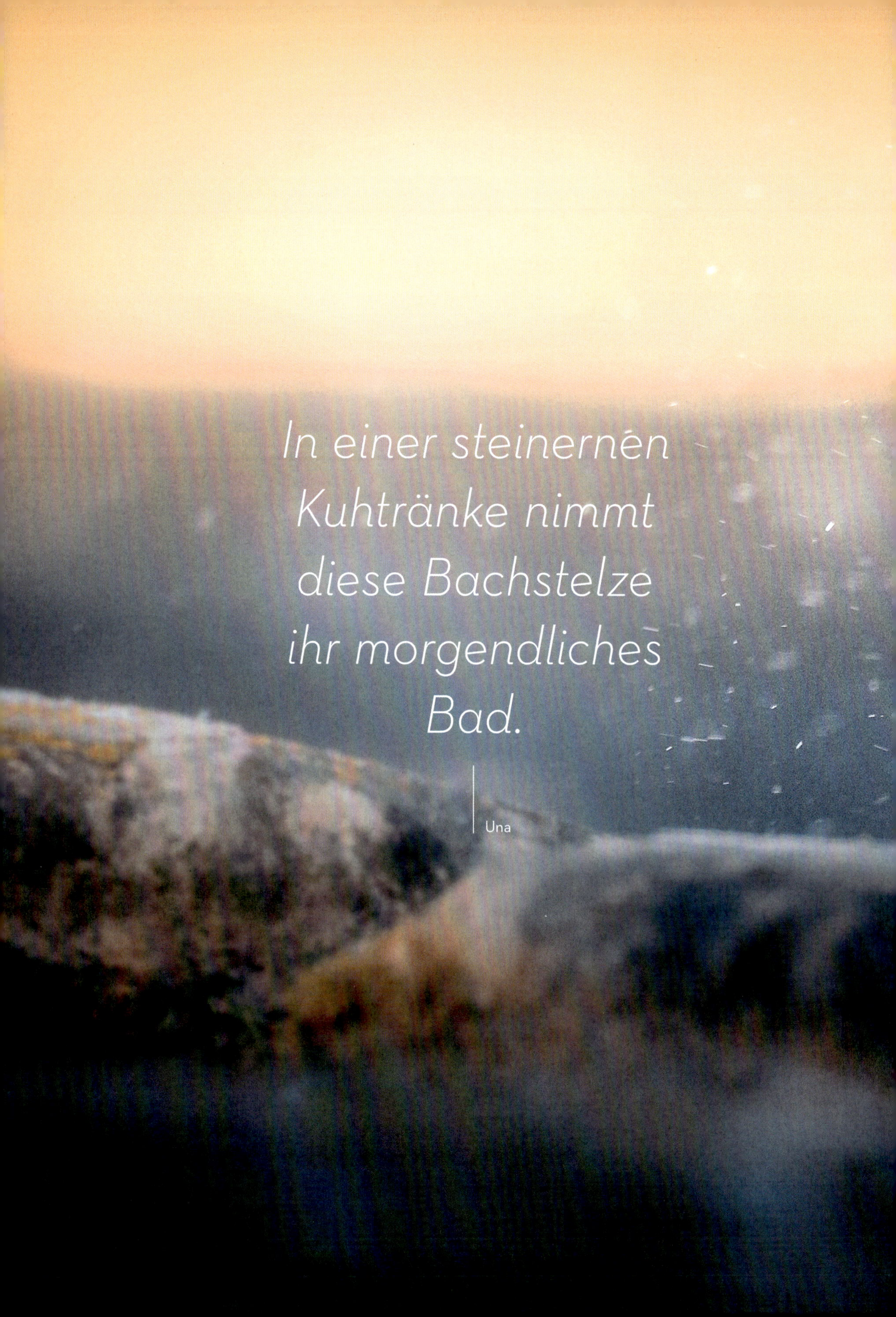
In einer steinernen
Kuhtränke nimmt
diese Bachstelze
ihr morgendliches
Bad.
Una

EIN GEBIRGSSTELZEN-NEST IN UNSEREM BALKONKASTEN

beobachtet von Una

GEBIRGSSTELZEN SIND IN DEUTSCHLAND recht weit verbreitet. Auch wenn sie meist in Felsspalten nisten, zog in einem Jahr ein Stelzenpaar seine Jungen bei uns im Balkonkasten auf der Badezimmerfensterbank auf. Zwischen alten Pflanzen aus dem Vorjahr und den ersten grünen Trieben der Traubenhyazinthen bauten sie aus dünnen Grashalmen ein perfekt schalenförmiges Nest, das sie am Ende mit langen Pferdehaaren auspolsterten. Durch das überstehende Dach war ihr Nest vor den meisten Regenfällen geschützt und die wenigen Meter Bach hinter unserem Garten schienen ihnen als Gewässer zu genügen.

Als meine Familie unsere neuen Mitbewohner bemerkte, freuten wir uns alle ungemein, versuchten aber Rücksicht auf ihr Bedürfnis nach Heimlichkeit zu nehmen und taten so, als wüssten wir von nichts. Den Kasten auf der Fensterbank ließen wir unberührt, wir bemühten uns, uns im Badezimmer vorsichtiger als gewöhnlich zu verhalten, und ließen den Vorhang manchmal ganz geschlossen, um die Stelzen möglichst nicht zu stören. Aber nicht nur wir passten unser Leben an das der Vögel an, sondern auch die Gebirgsstelzen gewöhnten sich mit der Zeit an unsere Gegenwart hinter der Scheibe und schienen uns als Teil ihrer Umgebung zu akzeptieren. Der Blick durchs Fenster ging in beide Richtungen und manchmal trafen menschlicher und tierischer Blick aufeinander. Trotzdem kam es ab und zu vor, dass sich die Stelzen doch vor uns erschraken oder eine unserer Bewegungen zu abrupt war, sodass sie aufschreckten oder beim Anfliegen einen zweiten Versuch wagen mussten.

Nachdem der Nestbau fertig war, konnten wir über die nächsten Tage hinweg beobachten, wie jeden Morgen ein weiteres ovales, graubraun gesprenkeltes, perfekt glattes Ei im Nest lag, das das Weibchen jeweils in den sehr frühen Morgenstunden legte. Als es fünf Eier waren, begannen die Stelzen zu brüten, wobei sie sich regel-

mäßig abwechselten. Ihre weiche und warme Bauchunterseite auf die Eier gedrückt, der Kopf auf dem Rand des Nests liegend und der lange Schwanz auf der anderen Seite herausragend saß immer ein Elternteil im Nest und wurde ab und zu vom Partner gefüttert.

Nach etwa zwei Wochen schlüpften aus den Eiern schließlich fast ganz nackte Vögelchen mit riesigen Schnäbeln und großen, noch geschlossenen, dunklen Augen. Kurz nach dem Schlüpfen fingen die Jungen an, lauthals nach Futter zu betteln und hinter unserem Fenster ging es immer lebhafter zu. Wenn wir nach draußen schauten, konnten wir geradewegs in ihre offenen, noch gelb umrandeten Schnäbel hineinblicken. Während die Elterntiere sie unentwegt fütterten, konnten wir von Tag zu Tag die Entwicklung der Jungvögel miterleben, die zunächst Flaum und dann die ersten richtigen Federn bekamen und mit jeder Stunde größer zu werden schienen. Das Federkleid der Jungen hatte noch nicht die charakteristische gelbgrüne Färbung der Eltern, sondern war schlicht graubraun. Auch der lange Schwanz fehlte noch, was auch gut war, denn sonst hätten die fünf schon bald gar nicht mehr ins Nest gepasst. Auch so wurde es für sie in dem kleinen Nestnapf täglich enger. Sie kletterten aufeinander herum und mussten bald gestapelt übereinandersitzen.

Je größer die Jungvögel wurden, desto häufiger streckten sie ihre Flügelchen und bewegten sie zum Muskelaufbau auf und ab, und auch das charakteristische Wippen, obwohl noch mit kurzem Stummelschwanz, begann bald. Und schließlich eines sonnigen Tages, etwa zwei Wochen nach dem Schlüpfen, flogen in den frühen Abendstunden, von einem auf den anderen Moment, allesamt aus dem Nest.

Glücklicherweise war Gamander zu genau der Zeit dabei zu filmen und konnte diesen besonderen Moment mit der Kamera festhalten. Vermutlich von den Eltern gerufen wussten die Jungen alle, was zu tun war. Der Sprung aus dem Nest erfordert wohl viel Mut, aber sie warfen sich, ohne es jemals vorher geübt zu haben, in die Luft und konnten wie durch ein Wunder von einem auf den anderen Moment fliegen. Einmal noch sahen wir sie hoch in den Ästen eines benachbarten Ahornbaums sitzen und nach Futter betteln und konnten ein letztes Mal beobachten, wie die Eltern sie fütterten. Danach verloren wir sie aus den Augen, und unsere Mitbewohner, die wir wochenlang beobachtet hatten, waren auf einmal nicht mehr da und der Blumenkasten verlassen. Was blieb, war ein rundes Nest, eine Schale voller Erinnerungen.

Es ist sehr selten, dass man die Möglichkeit zu einem so nahen Kontakt mit wild lebenden Tieren bekommt, und der tiefe Einblick in das Leben der Gebirgsstelzen, den wir dadurch hatten, war etwas ganz Besonderes. Wir konnten die gesamte Entwicklung der Jungen vom Eierlegen bis zum Ausfliegen miterleben. Und das, indem wir bloß ab und zu ans Fenster treten mussten. Ein Jahr später kamen die Stelzen, um das alte Nest, das wir nicht entfernt hatten, noch einmal zu begutachten, aber ein zweites Mal brüteten sie dort leider nicht.

GAMANDER: Gebirgsstelzen direkt am Badezimmerfenster zu haben, war natürlich eine Gelegenheit, die ich mir nicht entgehen lassen konnte. So verbrachte ich viele Stunden hinter diesem Fenster, um die aufwachsenden Jungen und die fleißigen Eltern zu filmen. Am Ende hatte ich sogar das Glück, beim Ausfliegen der jungen Gebirgsstelzen dabei zu sein, und konnte filmen, wie ein Junges nach dem anderen aus dem Blumenkasten sprang und sich in ein ungewisses Leben stürzte.

DIE WASSERAMSEL

geschrieben von Una

Ein anderer Vogel, der in vielen Ländern Europas an Gewässern zu Hause ist, ist die Wasseramsel. Obwohl Wasseramseln insbesondere in Mittel- und Süddeutschland häufig vorkommen, werden sie oft übersehen und kommen uns nicht wie Rotkehlchen, Amsel und Meise sofort in den Kopf, wenn wir an einheimische Vogelarten denken. Auch ich habe erst spät angefangen, sie wahrzunehmen. Vielleicht lag das daran, dass ich mich, als unsere Familie noch in der Stadt wohnte, nur selten an fließenden Gewässern aufhielt. Wasseramseln leben nämlich an Bächen oder kleineren Flüssen, an deren Ufern sie auch nisten. Immer wieder darf ich lernen, dass es noch etwas Neues zu entdecken gibt, auch in unmittelbarer Umgebung und auch, wenn ich meine, schon viel über die Natur zu wissen.

In ihrem Aussehen ähneln Wasseramseln, wie der Name andeutet, den Amseln, sind jedoch nicht mit diesen verwandt und etwas kleiner, mit kürzerem Schwanz und Schnabel. Auch haben sie ein auffälligeres Federkleid. Die Oberseite ihres Gefieders ist schiefergrau bis dunkelbraun, Kopf und Unterseite haben einen rotbraunen Schimmer und ihre Brust leuchtet hell weiß. Wenn du weißt, wonach du Ausschau halten musst, kannst du sie pfeilschnell übers Wasser fliegen sehen, hörst sie dabei laut rufen und kannst beobachten, wie sie an seichten Stellen, wo der Bach über Steine plätschert, nach Nahrung picken oder aber ganz in ihm untertauchen.

Im Gegensatz zur Gebirgsstelze lebt die Wasseramsel nicht nur am Wasser, sondern ist der einzige einheimische Singvogel, der unter Wasser tauchen und schwimmen kann.

Anders als Enten, Gänse oder andere Wasservögel haben Wasseramseln keine Schwimmhäute zwischen den Zehen, sondern brauchen, um sich unter Wasser zu bewegen, die Hilfe ihrer Flügel, mit denen sie auch gegen die auftreibende Kraft des Wassers nach unten schwimmen. Es ist ihnen sogar möglich, auf dem Grund zu laufen. Kurz darauf stoßen sie wieder an die Oberfläche und fliegen zurück ans trockene Ufer oder auf einen Stein, der aus dem Wasser ragt. Denn sie tauchen zwar, schwimmen aber nicht auf der Wasseroberfläche, wie es etwa Enten tun. Wasseramseln scheinen zwei Welten in sich zu vereinen und darin noch am ehesten dem Eisvogel zu ähneln, sind aber anders als dieser nicht auf die Fischjagd spezialisiert. Zwar können auch sie kleine Fische fangen, doch ernähren sie sich hauptsächlich von Köcherfliegenlarven, Bachflohkrebsen und kleinen Schnecken, die unter Wasser zwischen den Steinchen leben.

Ein passendes Flussgebiet wird besonders in der Paarungszeit stark territorial umkämpft. Da Wasseramseln eine hohe Brutplatztreue haben, kann es zwischen zwei konkurrierenden Männchen zu heftigen Kämpfen kommen. In einem Frühling konnte Gamander einen solchen Kampf mit der Kamera festhalten. Mit den Krallen voran attackierten sie einander dicht über dem Wasser und versuchten, sich gegenseitig in die Fluten zu drücken. Letztendlich kam sogar ein Männchen dabei um.

WASSERAMSELN VOR DER KAMERA

beobachtet von Gamander

Anfang 2021 traf meine Familie bei einem Spaziergang mit meiner Tante einen ganz besonderen Vogel: Die Wasseramsel! Ich war selbst leider nicht dabei, aber trotzdem ganz aufgeregt. Eine Wasseramsel wollte ich schon immer Mal vor die Kamera bekommen, und wenige Tage später stand ich in einem relativ belebten Außenbezirk der Stadt. Hier verlief ein Bach durch ein kleines Naherholungsgebiet, in dem viele Spaziergänger unterwegs waren, und zunächst konnte ich keine Spur von der Wasseramsel finden. War der Vogel, den meine Familie gesehen hatte, vielleicht nur ein Durchzügler und längst wieder weitergeflogen? Doch dann, als ich schon fast umkehren wollte, bemerkte ich eine Bewegung am Wasser. Ich ging ein paar Schritte zurück, und da war sie! Mitten im Bach hüpfte die Wasseramsel umher und tauchte hier und da ihren Kopf unter, machte plötzlich einen Köpper und verschwand kurz komplett, dann tauchte der Kopf wieder auf und sie ließ sich von der Strömung ein paar Meter bachabwärts treiben, um dann auf einen Stein zu hüpfen, sich kurz auszuschütteln und das Ganze wieder von vorne zu beginnen. Ich ging vorsichtig ein wenig näher, holte meine Kamera aus dem Rucksack und konnte die allerersten Wasseramsel-Fotos meines Lebens machen.

Das Gefühl, eine Art zum ersten Mal zu fotografieren, ist immer ein ganz besonders schönes. Allerdings muss man eine neue Art auch erst mal kennenlernen, und ich musste über die nächste Zeit herausfinden, wie ich die Wasseramsel am besten fotografieren könnte, denn jedes Tier verhält sich anders. Um einen Vogel, der am Wasser lebt, zu fotografieren, muss man natürlich ganz anders an die Sache herangehen als zum Beispiel bei einem Specht am Baum. Also verbachte ich in den nächsten Wochen immer wieder Zeit an dem Bach, um möglichst viel über das Verhalten der Wasseramsel zu lernen. Immer wieder kam ich zu unterschiedlichen Tageszeiten und konnte die Vögel nach einer gewissen Suchzeit relativ zuverlässig an verschiedenen Stellen am Bach finden. Jedoch ergaben sich nur wenige Fotomöglichkeiten, weil sie mich in den meisten Fällen schnell bemerkten und um die nächste Bachbiegung verschwanden. Dadurch wurde klar, dass ich nur mit Tarnung und Warten näher an die Wasseramseln herankommen würde.

UNSER TIPP

Wasseramseln leben an kleinen bis mittelgroßen fließenden Gewässern mit vielen Steinen und seichten Stellen, von wo aus sie gut jagen können. Da lohnt es sich, nach ihnen Ausschau zu halten.

Der richtige Platz

So entschied ich mich, das Tarnnetz mitzunehmen und eine wasserdichte Liegematte, denn so konnte ich mich irgendwo möglichst nah an den Fluss legen und dabei fast auf Augenhöhe mit den Tieren sein. Es ist natürlich schwierig herauszufinden, wo genau man sich mit der Tarnung positionieren soll: Was ist die beste Stelle? Wo wird die Wasseramsel am ehesten auftauchen? Die richtige Stelle ist

Das Nest der Wasseramseln befand sich auf der rechten Seite kurz hinter dem Eingang der Grotte.

sozusagen die wichtigste Rezeptzutat für ein gutes Foto, aber meist nur mit viel Geduld und Zeitaufwand herauszufinden. Dreimal lag ich umsonst stundenlang unter den Tarnnetzen am Fluss. Vielleicht flog die Wasseramsel mal an mir vorbei, aber vom Tauchen direkt vor meiner Kamera war nicht die Rede. Doch beim vierten Mal hatte ich Glück: Am Bach gibt es eine Kläranlage, ein größerer Betonbau, und kurz bevor der Bach da in eine Art Unterführung fließt, war die Stelle, die ich gesucht hatte. Und schon bald wurde auch klar, warum: Die Wasseramseln waren zu zweit und fingen an, Nistmaterial zu sammeln und damit in die Dunkelheit des Betonbaus zu fliegen. Dort drinnen bauten sie also ihr Nest, und deswegen war der Abschnitt des Baches davor natürlich super geeignet, um Aufnahmen von den Vögeln zu machen.

Ich kam in den nächsten Wochen häufig dorthin und wartete viele Stunden. Dabei konnte ich wunderbare Aufnahmen machen, wie die Wasseramseln emsig Nistmaterial am Fluss sammelten: Moos, das sie von Steinen pflückten, altes Laub und abgestorbene Pflanzenteile, die sie ruckartig irgendwo abzupften. Bei der Suche nach dem perfekten Baumaterial kamen sie häufig sehr nah an mich heran. Manchmal sogar zu nah, sodass ich mit dem Teleobjektiv nicht mehr scharf stellen konnte. In den Baupausen suchten sie auch häufig direkt neben mir im Bach nach Nahrung. Das waren wunderbare Momente, doch Anfang März legte sich dann langsam die Aktivität: Die Wasseramseln hatten angefangen zu brüten. Ich zog mich also zurück und kam nur ab und zu, um aus sicherer Entfernung mit dem Fernglas zu schauen, was die Wasseramseln gerade trieben. Denn grundsätzlich muss man, wenn man Vögel am Nest beobachten will, immer ganz vorsichtig sein, um die Eltern nicht zu stören oder unter Stress zu setzen. Sonst könnte es nämlich passieren, dass die Vogeleltern ein Nest aufgeben. Besonders während des Brütens sind sie anfällig für Störungen. Nach ungefähr drei Wochen fingen die Wasseramseleltern an, regelmäßig mit Futter im Schnabel in Richtung Nest zu verschwinden, und ich war guter Dinge, dass ich schon bald junge Wasseramseln am Bach würde sehen können. Doch dann war plötzlich alles vorbei. Als ich das nächste Mal kam, fehlte auf einmal jede Spur der Wasseramseln. Sie mussten ihre Brut aufgegeben haben. Und es kam noch schlimmer, denn im nächsten Jahr verlief alles gleich. Die Eltern bauten ihr Nest, fingen an zu brüten, dann zu füttern, doch auch dieses Mal war alles plötzlich wieder mit einem Schlag vorbei. Ob es vielleicht mit der Kläranlage und dem Nistplatz an dem Betonbau zu tun hatte? Lief deswegen immer irgendetwas schief? Wurde das Nest zerstört? Gab es Nesträuber, wie zum Beispiel Ratten? Ich konnte leider keine Antwort auf meine Fragen finden.

Ein zweiter Versuch

Von befreundeten Fotografen hörte ich, dass an einem belgischen Fluss in der Nähe auch Wasseramseln brüteten und die Jungen sogar schon draußen gefüttert wurden. Als ich mir Ende Mai die Stelle zum ersten Mal ansah, waren die drei Jungen, die es gegeben hatte, jedoch schon aus dem Revier der Eltern vertrieben. Doch ich hatte Glück, die Eltern fingen noch eine zweite Brut an. Ihr Nest lag malerisch im Eingang zu einer Grotte, durch die der kleine Fluss fließt: Einen besseren Nistplatz kann sich eine Wasseramsel nicht wünschen und ich mir als Fotograf auch nicht.

Nach einigen Wochen war es dann so weit, dass die Eltern mit dem Füttern anfingen. Und da das Nest einsehbar war, hat es eine Menge Spaß gemacht, dort zu filmen. Es gibt eine kleine Aussichtsplattform mit Blick auf die Grotte und dort konnte ich mit Stativ und Kamera ganz ohne Tarnung stehen und beobachten, wie die Wasseramseln ein paar Meter unter mir im Wasser zwischen den Steinen Insekten aufsammelten, damit erst zu einem Vorsprung am Eingang der Grotte flogen und nach kurzem Abwarten hoch ins Nest. Dann verschwanden sie darin, kamen kurz darauf wieder runter ans Wasser geflogen und alles begann wieder von vorne. In Ruhe konnte ich alle möglichen Sachen ausprobieren, um die Fürsorge der Wasseramseleltern für ihre Jungen einzufangen. Ich versuchte, sie in Zeitlupe mit der Kamera beim Flug zum Nest zu verfolgen, die Suche nach Futter zu filmen, alles sowohl mit dem Tele- als auch mit dem Weitwinkelobjektiv und probierte auch Kamerafahrten aus. Schon bald fehlte nur noch eine Sache: Immer wieder konnte ich beobachten, wie die Wasseramsel an tiefen Stellen abtauchte und dann mit den Flügeln elegant unter Wasser vorwärtskam. Aber von oben gefilmt sah das nicht so spektakulär aus. Ich brauchte eine Unterwasseraufnahme!

Unterwasseraufnahmen

Das war schwieriger als gedacht. Als einzige Unterwasserkamera kamen GoPros in Frage, denn die sind klein und ohne Gehäuse wasserdicht und deshalb einfach irgendwo im Wasser mit einem Stativ zu positionieren. Das Problem ist aber, dass, wenn man „Aufnahme starten“ drückt, die Kamera nur für etwas mehr als eine Stunde läuft, bevor der Akku leer ist. Das heißt, wenn ich die GoPro an einer Stelle unter Wasser aufstellte, wo ich die Wasseramsel beim Tauchen beobachtet hatte, musste die Wasseramsel genau dort noch einmal und dazu im Sichtfeld der Kamera vorbeigetaucht kommen, und zwar innerhalb einer Stunde, oder mein Versuch war für den Tag vorbei.

Während die Eltern also am Nest beim Füttern waren, fing ich an, jedes Mal die zwei Unterwasserkameras aufzustellen, an Stellen, wo ich die Eltern schon einmal hatte tauchen sehen. Doch das Ganze stellte sich als ziemlich frustrierend heraus. Die Wasseramseln schienen immer woanders zu tauchen als zuletzt, und somit war ich mit der Kameraposition sozusagen immer einen Tag zu spät. Ich war mir anfangs auch etwas unsicher, ob nicht die Kameras und Stative die Eltern störten. Das war aber offensichtlich nicht der Fall, da ich bald doch den ersten kleinen Erfolg hatte, dass eine Wasseramsel direkt an meiner Kamera vorbeitauchte. Das Ganze konnte ich von der Plattform aus super beobachten, jedoch tauchte die Wasseramsel auf der falschen Seite der Kamera vorbei. Als ich daraufhin am nächsten Tag die Ausrichtung umdrehte, tauchte die Wasseramsel wiederum auf der Seite vorbei, auf die ich am Vortag gehofft hatte.

Es war also ein mühsamer Prozess, aber nach zwei Wochen voller Misserfolgen, ungewolltem Wasser in den Schuhen und täglichem Kameraumstellen, hatte ich irgendwann endlich Glück. Ich positionierte die Kamera an einer tieferen Stelle, an der sie ganz unter der Wasseroberfläche verschwand. Dann startete ich die Stoppuhr auf dem Handy, um die eine Stunde Aufnahmezeit im Blick behalten zu können. Und kurz darauf kam tatsächlich ein Elternteil angeflogen, landete auf dem Stein neben der anvisierten Stelle, zögerte kurz und verschwand dann mit einem Köpper genau vor der Kamera! Und es kam in der Stunde danach sogar noch zweimal wieder! Ich konnte es danach kaum erwarten, mir zu Hause die ersten Ergebnisse auf dem Laptop anzuschauen, und war so erleichtert, sie zu sehen! Die Wasseramsel war perfekt im Bildausschnitt getaucht, und es sah einfach nur toll aus.

Für diese Unterwasseraufnahmen habe ich viele Versuche gebraucht, da ich nicht vorhersagen konnte, wo genau die Wasseramsel tauchen würde.

Die Wasseramseljungen

Als ich wenige Tage später wiederkam, flogen die Eltern auf einmal mit dem Futter am Nest vorbei und verschwanden weiter hinten in der Grotte. Ich war total aufgeregt: Würde ich heute mein erstes Wasseramseljunges zu Gesicht bekommen? Denn dass die Eltern mit dem Futter am Nest vorbeiflogen, konnte eigentlich nur eins heißen: Die Jungen waren ausgeflogen! Und tatsächlich. Wenig später tippelte das erste Junge um einen Stein im Grotteneingang. Es war schon fast so groß wie seine Eltern, aber statt dunkelbraun blass braungrau gefärbt mit einem gelblichen Bauch. Sobald ein Elternteil vorbeikam, wurde der Schnabel weit aufgerissen. Schon bald konnte ich die erste Fütterung sehen und filmen. Eigentlich legen Wasseramseln vier bis sechs Eier, diese Jungen waren aber nur zu zweit. Ob das von Anfang an so gewesen war oder ob der ein oder andere den Sprung aus dem Nest und die ersten ungeschützten Stunden nicht überlebt hatte, konnte ich nicht sagen.

In den nächsten Wochen hatte ich eine wunderschöne Zeit. Ich war fast jeden Tag an der Grotte und konnte miterleben, wie die Eltern die Kleinen emsig fütterten, während diese die neue Umgebung erkundeten, häufig zu Fuß und manchmal auch schon, wenn auch noch etwas unsicher, im Flug. Vorsichtig wurde auch das Wasser untersucht und schon bald darin gebadet. Jetzt konnten sich die Kleinen auch neben die Eltern in den Fluss stellen und sich das Futter direkt in den Schnabel stecken lassen. Besonders nett war es auch, als die Kleinen dann irgendwann selber anfingen, zwischen den Steinen im Wasser nach Futter zu picken, aber es war klar zu merken, dass das Essen von Mama und Papa besser schmeckte. Denn die eigene Futtersuche schien meist weitaus weniger spannend, als in der Nähe der Eltern herumzusitzen und einfach den Schnabel aufzureißen, wann immer diese etwas gefunden hatten. Die Familie konnte ich super von der Plattform, aber auch vom Ufer des Flusses aus beobachten und filmen. Jeden Tag saßen die Wasseramseljungen woanders und so boten sich immer andere Perspektiven und Möglichkeiten.

Fast drei Wochen konnte ich die Kleinen beim Größerwerden verfolgen, doch dann war es plötzlich von einem auf den anderen Tag vorbei. Die Wasseramseljungen waren weg. Die Grotte und die Umgebung waren verlassen. Die Eltern hatten ihre Jungen aus dem Gebiet vertrieben, die sich jetzt ein eigenes Wasseramselleben aufbauen mussten. Nur die Eltern flogen noch ab und zu vorbei. Die wunderschöne Zeit, die ich mit dieser Wasseramselfamilie hatte, werde ich aber nie vergessen.

BEI DEN WASSERAMSELN hat ein Tarnnetz ausgereicht, um sie ungestört filmen zu können. Das obere Bild ist mit einem Foto-Dome entstanden. Das ist eine große Linse, die es einem ermöglicht, gleichzeitig über und unter Wasser zu filmen.

DER SCHILLERNDE JÄGER

beobachtet von Una

Der Bach hinter unserem Garten darf leider nur so kurz überirdisch fließen, dass er Wasseramseln keinen ausreichenden Lebensraum bietet. Nur ein einziges Mal sah ich vom Fenster aus ganz zufällig eine unten am Bach. Ich hatte es aus dem Augenwinkel weiß aufblitzen sehen, und als ich ein zweites Mal genauer hinschaute, saß auf unserem schmalen Metallsteg tatsächlich eine Wasseramsel. Einmal tauchte sie unter, kam zurück auf die Brücke und flog dann davon. Danach habe weder ich noch jemand anderes aus der Familie sie wieder gesehen.

Der Eisvogel hingegen kommt öfters hinter unserem Garten vorbei und verweilt auf dem einen oder anderen Zweig, von wo aus er konzentriert das Wasser beobachtet. Tatsächlich schwimmen manchmal ein paar Stichlinge im Bach, der Eisvogel ernährt sich jedoch nicht nur von Fischen, sondern nimmt auch Insektenlarven und im Frühjahr Kaulquappen zu sich. Der Eisvogel ist nur etwas größer als ein Spatz, hat aber einen sehr langen und kräftigen Schnabel und einen kurzen Schwanz. Am auffälligsten ist jedoch sein farbig schimmerndes Gefieder. Wenn der Eisvogel übers Wasser oder am Ufer entlangfliegt, sieht man es leuchtend türkis und rostorange aufblitzen. Dabei stößt er häufig sein charakteristisches schrilles Rufen aus: „ziii-ziii-ziii". Und macht auch dadurch auf sich aufmerksam. Er ist vielleicht der einheimische Vogel mit den knalligsten Farben und auch sonst sehr faszinierend. Äste oder Zweige, die vom Ufer aus ein Stück über das Wasser ragen, dienen dem Eisvogel als Ansitz für seine Jagd und werden auch Sitzwarten genannt. Von oben beobachtet er regungslos das Wasser und lauert auf seine Beute, bis er im genau richtigen Moment zuschlägt. Blitzschnell taucht er unter Wasser und kommt nur wenige Sekunden später zurück an die Oberfläche geschossen, schüttelt im Auffliegen die abperlenden Tropfen vom Gefieder und ist schon wieder zurück auf seinem Ansitz. Hatte er Erfolg, schlägt er den Fisch ein paar Mal kräftig gegen den Ast und verspeist ihn dann in einem einzigen großen Happen.

Anders als Wasseramseln und Stelzen ist der Eisvogel nicht zwingendermaßen auf fließende Gewässer angewiesen, sondern du kannst ihm auch an Seen oder großen Teichen begegnen. Die Steilhänge, in die der Eisvogel mit dem Schnabel seine Bruthöhlen gräbt, finden sich jedoch häufiger an den Ufern von Bächen und Flüssen. Der Eisvogel brütet nämlich unterirdisch. Dafür gräbt er auf horizontalem Weg fast einen Meter lange Schächte, an deren Ende ein Nestkessel entsteht, in den das Weibchen Ende März bis Anfang April meist sechs bis sieben fast runde hellweiße Eier legt. Da beide Elternteile bei der Jungenaufzucht helfen, schaffen Eisvögel zwei bis drei Bruten im Jahr, durch Arbeitsaufteilung sogar mit Überlappung. Während das Weibchen bereits in einer anderen Brutröhre auf den nächsten Eiern sitzt, füttert das Männchen noch die Jungen aus dem vorherigen Durchgang. Eisvögel schlüpfen nach etwa drei Wochen und müssen knappe vier Wochen von ihren Eltern versorgt werden, bevor sie schließlich ausfliegen und nach ein paar Tagen selbst zu jagen anfangen. Danach dauert es nicht lange, bis sie von den Eltern aus ihrem Revier verjagt werden.

UNSER TIPP
Der Eisvogel fällt durch seinen kurzen und schrillen Ruf auf, den er oft ausstößt, wenn er über das Wasser fliegt. Achte also darauf, wenn du an Gewässern unterwegs bist.

DEN EISVOGEL MIT DER KAMERA EINFANGEN

beobachtet von Gamander

Ich erinnere mich immer noch gut daran, wie ich meinen ersten Eisvogel fotografiert habe. Das war 2012. Damals machte ich mit der Familie einen Ausflug auf die Museumsinsel Hombroich. Ich hatte wie immer meine Kamera dabei, und war eher weniger an der Kunst, als vielmehr an dem Wassergebiet der Insel und den Tieren, die dort lebten, interessiert. Es gab viele Nutrias, die zutraulich herumsaßen und an Pflanzen knabberten, und ich hatte den ganzen Tag viel Vergnügen, immer wieder stehen zu bleiben und diese Tiere zu fotografieren, während meine ganze Familie geduldig auf mich wartete. Ganz am Ende des Tages, fast beim Ausgang, entdeckten wir dann an einem Teich etwas blitzend Blaues im Gebüsch. Es war ein Eisvogel! Ich war ganz aus dem Häuschen! So ein toller Vogel, und ich konnte ihn zum ersten Mal richtig gut sehen und noch dazu fotografieren. Auch wenn das Foto, das ich damals machte, aus heutiger Sicht vorsichtig gesagt nicht mehr meinem Ideal eines guten Fotos entspricht, war ich damals äußerst stolz auf das Bild und hängte es über mein Bett.

Der Eisvogel ist einzigartig in unserer heimischen Vogelwelt und hat mich mit seinen prächtigen Farben immer fasziniert. So war es ein großer Traum von mir, diesen Vogel einmal richtig gut zu fotografieren. Aber auch wenn ich in den nächsten Jahren immer wieder Eisvögel sah, haben sich nie wirkliche Gelegenheiten ergeben, und ich wusste auch nicht so recht, wie ich es schaffen könnte, nah an diese Tiere heranzukommen, die immer mit einem lauten Pfiff an einem vorbeifliegen.

Zu Besuch in Schweden

Im Sommer 2022 war ich dann jedoch mit dem schwedischen Tierfotografen Olle Nilsson verabredet, der mich zu seiner Eisvogelstelle mitnehmen wollte. Ich war zum einen aufgeregt, Olle, den ich bisher nur über Instagram kannte, endlich zu treffen, und zum anderen, weil ich endlich die Möglichkeit bekam, Eisvögel zu fotografieren und hoffentlich auch etwas darüber zu lernen, wie man vorgehen muss, um diese Tiere vor die Linse zu bekommen. Wir sahen den Eisvogel zwar ein, zwei Mal vorbeifliegen, und er landete sogar einmal in der Nähe des Flussabschnitts, an dem wir uns befanden, aber am Ende hatten wir am ersten Tag leider doch kein Glück.

Wir trafen uns aber ein paar Tage später noch einmal. Olle hatte das Gefühl, dass die Vögel zum Fischen etwas weiter flussabwärts flogen. Deswegen gingen wir heute mit Kameras, Stativen und Tarnzelt in diese Richtung. Wir kraxelten einen Hang hinunter und fanden am Ende einen guten Platz fürs Tarnzelt und hatten außerdem unterwegs einen langen Ast gefunden. Olle wollte diesen so am Ufer befestigen, dass er weit über den Fluss ragte, und der Eisvogel ihn deshalb vielleicht als Jagdansitz ausprobieren würde. Also bauten wir mit einigen Mühen den Ast auf und wenig später saßen wir hinter unseren Kameras im heißen Tarnzelt, auf das gnadenlos die pralle Sonne schien, und fingen an zu warten. Und wir mussten nicht lange warten, bis wir einen kurzen, hohen, fast schon schrillen Pfiff hörten. Der Eisvogel war hier! Wir konnten ihn zwar noch nicht sehen, aber er war mit Sicherheit in der Nähe. Gebannt starrten wir aus dem Tarnzelt, und kurz darauf war es wirklich so weit. Von links kam etwas Blaues angeflogen und landete auf einem größeren Ast, der auf der anderen Flussseite im Wasser lag. Und so konnte ich endlich nach vielen Jahren noch einmal einen Eisvogel fotografieren. Da der Ast, auf dem der Eisvogel saß, von der Sonne angeschienen wurde, das Flussufer hinter ihm aber im Schatten lag, ergab die Situation auch ein interessantes Bild. Die Freude im Zelt war groß und wir hatten über die nächsten Stunden sogar das Glück, dass der Eisvogel nochmal an der derselben Stelle landete, und so konnte ich bei dieser Gelegenheit auch noch ein paar Filmaufnahmen machen.

Den Moment, auf den wir eigentlich gehofft hatten, verpassten wir jedoch. Denn plötzlich sah ich den Eisvogel auf dem von uns aufgestellten Ast sitzen und im nächsten Moment flog er weg. Olle und ich ärgerten uns natürlich, der Eisvogel war genau da gelandet, wo wir ihn haben wollten. Jedes Mal hatte sich der Eisvogel mit einem lauten Pfiff angekündigt, aber genau dieses Mal war er still gelandet und vermutlich sowieso auch zu kurz, um wirklich ein Foto machen zu können, aber etwas frustrierend war das natürlich schon. Was ich aber an diesem Tag gelernt hatte, war, dass man sich nicht ausschließlich auf den Pfiff des Eisvogels verlassen darf, und dass es tatsächlich funktioniert, ihm einen eigens aufgestellten Ast anzubieten, da der Eisvogel neue Ansitze anscheinend gerne ausprobiert.

→ Hier habe ich mein Tarnzelt am Ufer eines Sees aufgebaut.

↘ Durchs Tarnnetz kann ich sehen, wenn der Eisvogel auf dem Ast landet, den ich extra für ihn aufgestellt habe.

Ein Versuch in Wales

Als ich also wenige Wochen später an einem Fluss in Wales einen Eisvogel an mir vorbeifliegen sah, der mit seinem lauten Pfiff hinter der Biegung verschwand, war ich fest entschlossen, mein neu erlerntes Wissen anzuwenden. Ich suchte mir also einen passenden Ast und mein Vater half mir, ihn so zu befestigen, dass er schön weit über den Fluss ragte. Dann baute ich mein Tarnzelt am Flussufer auf und stellte mir am Abend meinen Wecker auf 04:30 Uhr.

Am nächsten Morgen saß ich so noch im fast Dunkeln hinter meiner auf dem Stativ montierten Kamera im Tarnzelt und wartete. Vom Eisvogel gab es zwar erst einmal keine Spur, aber es war ein schöner Morgen. Der Fluss plätscherte friedlich vor sich hin und etwas weiter abwärts suchte eine Wasseramsel zwischen den Steinen nach Futter. Ein Graureiher flog dicht über die Bäume und langsam kam die noch rote Sonne hinter den Hügeln zum Vorschein. Sie tauchte das Wasser stellenweise in ein wunderschönes Orange. Und nach nur etwas mehr als einer Stunde hörte ich einen Ruf und wie aus dem Nichts kam von rechts der Eisvogel flussaufwärts auf mich zu geflogen und landete unten auf meinem Ast. Ich hielt den Atem an und konnte mein Glück kaum fassen, als ich so langsam und vorsichtig wie möglich versuchte, meine Kamera runter auf den Eisvogel zu schwenken. Er war ganz nah und saß nur etwas über einen Meter vor mir, und trotz des Adrenalins in meinem Körper und der Aufregung versuchte ich, keine schnellen Bewegungen zu machen, und nach einer gefühlten Ewigkeit hatte ich endlich meine Kamera auf den wunderschönen Vogel gerichtet und konnte filmen. Immer wieder machte er eine ruckartige Hoch- und Runterbewegung mit seinem Kopf und stieß dabei weitere Pfiffe aus. Dann flatterte er meinen Ast Stück für Stück hoch, sodass er schließlich ganz an dessen oberem Ende über dem Fluss saß. Dort fing er an, hektisch ins Wasser unter sich zu schauen, bis er auf einmal hinunterstürzte und im Bruchteil einer Sekunde ins Wasser einschlug, und dann, soweit ich es sehen konnte, ohne Fisch wieder flussabwärts verschwand. Das ganze Spektakel dauerte nicht lange. Um 06:04 Uhr war der Eisvogel aufgetaucht und um 06:13 Uhr auch schon wieder verschwunden, aber es war eine unglaublich schöne und wunderbare Erfahrung. Ich probierte es zwar noch einige Male, hatte aber in der nächsten Woche nicht noch einmal Glück. Das machte diese gelungenen zehn Minuten gleich beim ersten Versuch in meiner Erinnerung um so besonderer.

Die Weibchen des Eisvogels haben eine rote Schnabelunterseite, hier sieht man ein Männchen, dessen Schnabel ganz schwarz ist.

Einen Monat später zu Hause

Etwa einen Monat später wollte ich das mit dem Eisvogel auch einmal bei mir zu Hause angehen. Beim Erkunden einer neuen Gegend mit meiner Schwester und einem sehr guten Freund von mir trafen wir an einem See einen Eisvogel. Und an diesem Tag konnte ich sogar bereits eine Aufnahme machen. Ein paar Tage später machte ich mich daraufhin ganz früh mit all meiner am Abend zuvor gepackten Ausrüstung auf den Weg. So richtig in der Nähe ist der See allerdings leider nicht. Eine Stunde musste ich mit dem Auto fahren, und da ich eine Stunde vor Sonnenaufgang vor Ort sein wollte (um alles aufzubauen, ohne den Eisvogel dabei zu stören), hieß das, dass mein Wecker wieder mal schon vor vier Uhr klingelte.

Er landete etwa zehn Meter von mir entfernt am Ufer. Ich konnte filmen, wie er dort saß und dann kurz die Flügel in die Höhe hob und spreizte, bevor er mit einem lauten Pfiff verschwand.

Im Dunkeln fand ich nach kurzer Zeit einen passenden Ast und konnte ihn nach einigen Versuchen so am Ufer befestigen, wie ich es mir vorgestellt hatte. Nach der Autofahrt und dem relativ hektischen Aufbau war ich froh, endlich hinter meiner Kamera im Tarnzelt mit Blick auf den Ast zu sitzen. Und es dauerte nicht lange, bis ich den ersten Eisvogel in der Dämmerung rufen hörte. Ein lauter und nicht zu verwechselnder Pfiff an diesem ruhigen Morgen. Leider war mein Aufbau aber doch nicht so gut wie gedacht, denn mein aufgestellter Ast fiel mit einem Platschen ins Wasser. Also musste ich noch einmal aus meinem Versteck kommen und versuchen, ihn, bevor er davon schwamm, wieder herauszufischen. Da das Ufer etwa einen Meter hoch, matschig und rutschig war, hatte ich dabei so meine Schwierigkeiten. Glücklicherweise plumpste ich aber nicht mit in den See und versuchte dieses Mal, den Ast mithilfe eines etwas schwereren Stocks besser zu befestigen. Nicht allzu zuversichtlich, was die Stabilität anging, setzte ich mich danach wieder ins Tarnzelt, aber ich hatte Glück und die Konstruktion hielt diesmal.

Nachdem ich lange nur ihre Rufe gehört hatte, bekam ich die zwei Eisvögel, die hier am See wohnen, das erste Mal an diesem Morgen zu sehen. In der Mitte des Sees ist eine kleine Insel und dort, in den Ästen eines umgefallenen Baums im Wasser, konnte ich die zwei beobachten, wie sie umeinander flogen und auf den Ästen saßen und ins Wasser starrten. Das alles war aber sehr weit weg, und es überraschte mich, als um neun Uhr auf einmal ein Eisvogel auf meinem Ast landete. Er saß dort nur für ein paar Sekunden und flog dann weiter. Wahrscheinlich konnte er dem Drang, diesen neuen Ast einmal auszuprobieren, nicht widerstehen. Gleichzeitig waren ihm aber das Tarnzelt und das große Objektiv noch ein wenig unheimlich. Ich konnte zwar noch ein paar Fotos machen, aber leider hatte ich keine Zeit mehr, die Belichtung entsprechend anzupassen, und somit war der Eisvogel zu dunkel geraten und die Bilder unbrauchbar. Ich wartete noch zwei Stunden, und als weiter nichts passierte, machte ich mich für den Tag auf den Heimweg.

Vor Sonnenaufgang

Zwei Tage später war ich wieder eine Stunde vor Sonnenaufgang vor Ort und stellte mit Freude fest, dass mein Ast noch genauso dastand, wie ich ihn beim letzten Mal zurückgelassen hatte. Und das war wirklich ein großes Glück: Noch im fast Dunkeln landete auf einmal der Eisvogel darauf. Er saß nur wenige Meter entfernt, und ich hatte dieses Mal viel Ruhe, mich dem Fotografieren zu widmen. Denn der Eisvogel blieb fast zehn Minuten auf meinem Ast sitzen. Dabei schaute er herum und drehte sich immer wieder, als wollte er mir verschiedene Posen anbieten. Ich war überglücklich und schaute mir die gemachten Fotos gleich nochmal an, nachdem er weitergeflogen war. Beim Durchschauen konnte ich gut sehen, dass die untere und obere Schnabelhälfte bei diesem Tier schwarz waren und es sich demzufolge um ein Männchen handelte. Und ich hatte noch größeres Glück. Das Männchen besuchte meinen Ast an diesem Morgen noch vier weitere Male. Und jedes Mal blieb es erneut für fünf bis zehn Minuten dort sitzen, und am Ende hatte ich über tausend Fotos auf der Speicherkarte.

Ich sah die beiden auch immer wieder zusammen auf der Insel, aber aus irgendeinem Grund tauchte ausschließlich das Männchen bei mir auf. Vielleicht bevorzugte das Weibchen andere Orte zum Jagen. Von meinem Ast aus schien das Männchen damit leider auch keinen Erfolg zu haben. Denn zweimal stieß es ins Wasser hinunter, aber soweit ich das erkennen konnte, tauchte es beide Male mit leerem Schnabel wieder auf. Für mich aber war es ein sehr erfolgreicher Morgen.

TARNMÖGLICHKEITEN

Um wilden Tieren ungestört mit der Kamera näher zu kommen, ist häufig Tarnung notwendig. Dazu gibt es unterschiedliche Möglichkeiten: Tarnanzüge sind besonders praktisch, wenn du beim Fotografieren flexibel sein musst. Damit kannst du deine Position schnell und einfach wechseln. Allerdings musst du vorsichtig sein, da du für die Augen der Tiere erst dann verschwindest, wenn du dich nur ganz langsam bewegst. Für langes Warten bevorzuge ich deswegen ein Tarnzelt. Damit kann man zwar nicht mehr spontan die Position wechseln und hat ein eingeschränkteres Blickfeld, dafür bleibt aber jede Bewegung vor den Tieren verborgen. Zusätzlich hast du ein Dach über dem Kopf, was bei Regen einen selbst und die Ausrüstung schützt. Mein Favorit ist allerdings das Tarnnetz. Das gibt es in unterschiedlichen Größen, ist leicht und klein zusammenzulegen und daher ideal zum Mitnehmen. Man kann es entweder schnell über die Kamera und über sich selbst werfen oder an Bäumen befestigen und sich damit ein richtiges Versteck bauen. Ein Tarnnetz kann man also wie einen Tarnanzug oder wie ein Zelt nutzen, für den Anfang würde ich deswegen immer ein Netz als Tarnausrüstung empfehlen.

MEINE TARNMÖGLICHKEITEN:

↖ Tarnzelt ↗ Tarnnetz als Versteck zwischen Bäumen aufgespannt
↙ Tarnnetze über mich und die Kamera geworfen ↘ Tarnanzug

Bei den Haubentauchern – JUNGENAUFZUCHT IM FRÜHLING

HAUBENTAUCHER

beobachtet von Una

‹ Ein Haubentaucher brütet auf seinem schwimmenden Nest.

→ Kanadagänse beim Revierkampf

DER WECKER KLINGELT UM KURZ VOR FÜNF, und als Gamander und ich im Auto sitzen und losfahren, ist außer uns kaum jemand auf den Straßen unterwegs. Wir sind den meisten Menschen zuvorgekommen und wollen auch früher als die Sonne sein. Unser Frühstück besteht aus dem am Vorabend geschmierten Brot, das in der Kühle des Morgens und der blauen Dunkelheit besonders gut schmeckt. Nach einer Stunde fahren wir nahe der niederländischen Grenze von der Autobahn, und als wir wenig später aussteigen, ist der Himmel schon etwas heller, aber die Sonne ist noch nicht über den Horizont gestiegen. Wir haben es geschafft. Obwohl es bereits Anfang April ist, ist es so früh am Morgen noch kalt, und wir ziehen uns warm an. Dann überqueren wir die Straße und schlagen den kleinen Weg ein, der an einem Wasserarm entlangführt. Außer uns ist immer noch niemand unterwegs.

DER ZAUBER DES MORGENS

Links schläft ein Blässhuhn auf seinem aus Zweigen und Blättern gebauten Nest, das sich nicht weit vom entgegengesetzten Ufer befindet und doch ganz von Wasser umgeben ist. Wenig später breitet sich rechts vom Weg eine große Wasserfläche aus, auf der Gänse, Enten und Schwäne schwimmen, die anders als das Blässhuhn bereits wach sind. Über das Wasser zieht ein nebeliger Dunst und die ganze Welt erscheint noch in ein bläuliches Grau getunkt, das nur von den wenigen zarten Wolken am Himmel, die leicht rosa angehaucht sind, durchbrochen wird. In der Stille sind das Rufen der Graugänse und das Schlagen ihrer Flügel, wenn sie landen oder losfliegen, besonders laut und hallen noch lange in meinen Ohren nach. Die Schwäne hingegen gleiten gemächlich und lautlos übers Wasser und irgendwo im hohen Schilf versteckt sich ihr Nest. In der Ferne sind ein paar kleine Häuser das Einzige, was den ruhigen Moment stören könnte, aber auch die sehen im morgendlichen Nebel malerisch aus. Aber noch sind wir nicht angekommen, sondern folgen dem Weg weiter, vorbei an einem Beobachtungsturm, der über den Schilfgürtel und den ganzen See schaut, bis wir es schließlich links im Wasserlauf nur etwa drei Meter von Ufer und Weg entfernt sehen können: das Nest der Haubentaucher.

↑ Höckerschwan
→ Blässhuhn

DAS NEST DER HAUBENTAUCHER

Haubentaucher gehören zur Familie der Lappentaucher und leben sowohl an langsamen Fließgewässern als auch an Seen und Teichen, solange genügend Ufervegetation vorhanden ist. Das Nest, das Männchen und Weibchen gemeinsam bauen, ist aus Schilfhalmen sowie kleinen Ästen und Wasserpflanzen geformt. Häufig wird es schwimmend im Schilf verankert, sodass es bei sich hebendem Wasserspiegel nicht überschwemmt wird, sondern mit diesem auf- und absteigen kann. Hier haben es die Haubentaucher aber an den Zweigen eines ins Wasser gestürzten Baums befestigt, die zum Teil noch über die Wasseroberfläche hinausragen. Die Nestmulde ist mit verrottendem Pflanzenmaterial und Algen ausgekleidet, damit sich die Eier, die an sich weiß sind, bräunlich verfärben und dadurch vor potenziellen Nesträubern getarnt sind.

Dieses Gänseküken sucht bei einem Regenschauer unter den Schwanzfedern der Mutter Schutz.

Gamander ist bereits hier gewesen, aber für mich ist dieser Besuch der erste, wird jedoch nicht der letzte bleiben. Vorsichtig lassen wir uns am Ufer neben dem Weg nieder. Das Gras ist noch taubesetzt und einzelne Wassertropfen schimmern im Licht der ersten Sonnenstrahlen, die uns gegenüber durch die noch kahlen Bäume brechen. Die Stimmung ist für kurze Zeit ganz golden, und den Kopf in die Sonne gehalten, schließe ich für einen Moment die Augen. Durch die vielen und regelmäßigen Spaziergänger, die das Wasserschutzgebiet zur Naherholung nutzen, sind die Haubentaucher an den Menschen gewöhnt und lassen sich von uns nicht stören, obwohl wir nur wenige Meter vom Nest entfernt sitzen. Trotzdem verhalten wir uns ruhig, vermeiden ruckartige Bewegungen und sprechen nur leise. Gamander baut seine Kamera auf, während ich es mir gemütlich mache und durchs Fernglas schaue, um den Haubentaucher auf dem Nest noch genauer betrachten zu können, obwohl ich auch mit bloßem Auge die Federzeichnung erkennen kann, so nah sitze ich.

Die Haube, die diesen Tauchern ihren Namen gibt, ähnelt in angelegtem Zustand eher ein paar struwweligen Federn, die leicht vom Kopf abstehen und über ihn hinausragen. Wenn die Haubentaucher sie bei der Balz oder zur Warnung aufstellen, macht sie ihrem Namen jedoch alle Ehre. Sie umrahmt dann zusammen mit den bräunlichen Bartfedern den Kopf, fast wie eine Löwenmähne. Haubentaucher haben ein graubraunes Gefieder und eine helle Körperunterseite, die sich auch den Hals hinaufzieht. Der Kopf hat neben den dunklen Federn, die sich zur Haube aufstellen lassen, eine braunrote bis schwarze Färbung, nur die roten Augen sind hell umrandet.

Plötzlich bemerken wir noch jemanden: Über uns im Baum, dessen Äste über das Wasser hinausragen, versucht eine Stockente, sich in ein altes Nest zu quetschen, als wolle auch sie hier eine Brut beginnen. Das Nest macht jedoch einen sehr instabilen Eindruck, und während sie sich noch positioniert, fallen bereits die ersten Zweige hinunter. Ob das eine gute Idee ist?

← Unter lautem Schnattern recken die Haubentaucher bei der Balz ihre Hälse.

↓ Im Anschluss folgte in diesem Fall die Paarung.

Eiablage und Brutablösung

Die ersten Eier wurden in den letzten Tagen bereits gelegt, was jeweils in den ganz frühen Morgenstunden passiert, wenn es noch fast vollständig dunkel ist. Vielleicht ist auch an diesem Morgen, als Gamander und ich noch unterwegs waren, ein Ei dazugekommen. Haubentaucher legen von Anfang bis Mitte April meistens drei bis vier Eier, manchmal aber auch bis zu sieben Stück. Jetzt sitzt ein Elternteil auf dem Nest, während das andere auf Nahrungssuche unterwegs ist. In regelmäßigen Abständen richtet der Haubentaucher sich auf und wendet mit Hilfe seines Schnabels die Eier unter sich, bevor er sich mit seinen warmen Federn wieder auf ihnen positioniert. Sollte es zum Beispiel durch eine Störung dazu kommen, dass beide Elternteile das Nest verlassen und für einige Zeit unbeobachtet zurücklassen müssen, decken sie das Gelege zur Tarnung mit Pflanzenmaterial ab.

Zu den spannendsten Momenten, die ich an diesem Morgen miterleben kann, gehört die Brutablösung. Männchen und Weibchen wechseln sich in einem Rhythmus von ein bis zwei Stunden mit dem Brüten ab, und schon von weitem kündigt das Tier, das gerade auf Nahrungssuche war, mit Rufen seine Rückkehr an. Ist es das Männchen, bringt es manchmal etwas Nistmaterial mit, das das Weibchen dann verbaut. Die Annäherung und Übergabe werden mit einem Ritual von Verbeugungen, Aufstellen der Haube und Kopfbewegungen begleitet. Männchen und Weibchen führen dabei die gleichen Bewegungen entweder zur selben Zeit oder nacheinander aus. Dabei geben sie verschiedene Laute von sich und streifen hin und wieder die Schnäbel aneinander.

Da noch nicht alle Eier gelegt sind, können wir außerdem beobachten, wie sie sich auch noch einige Male paaren, und Gamander kann es sogar mit seiner Kamera festhalten. Die Paarung ist eine ganz kurze Angelegenheit und findet bei der Brutablösung statt. Das Weibchen, das noch im Nest sitzt, legt sich flach hin, den Kopf über den Nestrand gehängt, und das Männchen springt von hinten auf, bevor es über den Rücken des Weibchens läuft und über deren Kopf hinweg wieder ins Wasser gleitet. Danach wird die Position im Nest getauscht und das Weibchen kann auf Nahrungssuche gehen.

Während Gamander filmt und fotografiert, stehe ich auf, folge dem Lauf des Wassers noch ein Stück weiter und entdecke zwei andere Haubentauchernester, nicht weit voneinander entfernt. Diese liegen aber an der anderen Uferseite und sind somit schwerer einzusehen. Ab und zu kreuzen die verschiedenen Paare ihre jeweiligen Gebiete, was jedes Mal zu lautem Geschrei führt. Auch ein Blässhuhnnest, das malerisch unter einer übers Wasser hängenden Trauerweide liegt, erblicke ich von einer Brücke aus, die über den Wasserarm führt. Und als ich noch ein Stück weitergehe, öffnet sich der recht schmale Wassergraben zu einem großen See, auf dessen leicht gekräuselter Oberfläche sich die morgendliche Sonne spiegelt.

Die Kleinen lassen sich tragen

Über die nächsten Wochen hinweg begleite ich Gamander noch einige Male zu den Haubentauchern. Nach etwa einem Monat sind die Jungen geschlüpft. Beim Schlüpfen selbst sind wir nicht dabei, aber danach lassen sich die Jungvögel wunderbar beobachten. Haubentaucherküken können, nachdem sie aus der Eierschale gebrochen sind, sofort schwimmen und tauchen, sind jedoch keine eigentlichen Nestflüchter. Das bedeutet, dass sie immer wieder zum Nest zurückkehren. Das Gefieder der jungen Haubentaucher unterscheidet sich so stark von dem ihrer Eltern, dass man sie, wenn man es nicht wüsste, nicht für eine Familie halten würde: Sie sind schwarz-weiß gestreift und auf dem Kopf leuchtet ein von Federn unbedecktes Stück Haut als roter Punkt.

Besonders schön ist, wenn die Haubentaucher mit ihren Jungen auf Nahrungssuche gehen. Denn sie schwimmen nicht einfach – wie zum Beispiel die Küken der Teichhühner – ihren Eltern hinterher, sondern werden von ihnen auf dem Rücken getragen. Im ersten Moment kann es deswegen sein, dass du sie gar nicht bemerkst. Gut versteckt sitzen sie zwischen und unter den Flügeln von Mama und Papa, wo sie vor Feinden sicher sind. Anfangs müssen sie die gemütliche Mitfahrgelegenheit nicht einmal zum Fressen verlassen, sondern werden auch auf dem Rücken gefüttert. Doch je größer sie werden und je nachdem, wie viele Geschwister Platz finden müssen, desto schwieriger wird es, sich im Gefieder der Eltern zu halten und nicht ins Wasser zu rutschen. Mit der Zeit fangen die Jungen an, selbstständig nach Nahrung zu suchen, bleiben dabei aber weiterhin in der Nähe der Eltern.

Eines Morgens beobachteten wir voller Verwunderung, wie die Eltern ihre Jungen nicht nur mit kleinen Fischen oder Flusskrebsen fütterten, sondern ihnen von Zeit zu Zeit auch flaumige Federn in den Schnabel schoben, die bei der Gefiederpflege abfielen oder auch von der Wasserfläche aufgesammelt wurden. Zu Hause recherchierten wir sofort dieses uns neue Verhalten und fanden heraus, dass die Verfütterung von Federn dazu dient, Magen und Darm von innen vor Fischgräten zu schützen. Auch dass die Haubentaucher der nördlichen Regionen zum Beispiel an den Küsten überwintern und im Winter auch auf dem Meer anzutreffen sind, lerne ich erst bei der Recherche für dieses Buch.

Wieder durfte ich feststellen, dass man, obwohl man meint, ein Tier zu kennen, immer noch etwas Neues lernen kann. Mit der Natur wird es nie langweilig und es gibt immer noch mehr zu entdecken.

Während Gamander und ich an verschiedenen Morgen von sechs Uhr früh bis etwa zehn Uhr am Wegesrand sitzen und die Haubentaucher beobachten, kommen mit der Sonne und den wärmer werdenden Temperaturen allmählich mehr Leute vorbei. Die ersten Hundebesitzer sind schon früh unterwegs, und auch andere Fotografen erkunden das Gebiet, aber die meiste Zeit sind wir ungestört, und es gibt nur uns und die Haubentaucher. Immer wieder hört man die Graugänse schnattern, wenn sie in unserem Rücken auffliegen oder auf dem Wasser landen. Und irgendwo auf der anderen Seite vom Weg schläft eine Nutria auf einem plattgedrückten Schilfbüschel in der Sonne. Wenn wir uns danach wieder auf den Heimweg machen, fühlt sich auch der Rest des Tages besonders an, weil ich schon mehrere Stunden draußen in der Natur verbracht habe. Obwohl der Tag für die meisten anderen Menschen erst vor wenigen Stunden begonnen hat, habe ich bereits viel gesehen und etwas Neues erlebt.

Die Haubentaucherküken verstecken sich im Gefieder der Eltern.

Als Schutz gegen Verletzungen durch Fischgräten im Magen fressen die Haubentaucher Federn.

AUS DEM FAMILIENLEBEN DER HAUBENTAUCHER

von Gamander beobachtet

Ende Februar, Anfang März fangen die Haubentaucher mit der Balz an. Samuel Houcken, ein befreundeter Fotograf, zeigte mir eine gute Stelle, wo man diese schönen Vögel perfekt beobachten kann. Mein Ziel war, den ganzen Prozess der Jungenaufzucht zu dokumentieren. Das Balzspiel der Haubentaucher ist faszinierend, und nach einigen frühen Morgenausflügen konnte ich endlich auch eine Paarung filmen. Ende März lagen dann die ersten Eier im Nest, und die Haubentaucher fingen an zu brüten.

Als sich etwa dreißig Tage später der Moment näherte, in dem die jungen Haubentaucher schlüpfen könnten, kam ich wieder häufiger ans Nest, und an einem wunderschönen Morgen, der erfüllt war von frühlingshaften Vogelkonzerten und dem Quaken der Enten auf dem naheliegenden See, war es dann so weit. Noch bevor die Sonne durch die grünenden Äste schien, konnte ich eine Bewegung unter dem angelegten Flügel der Mutter erahnen. Ich war ganz aufgeregt! Kurz darauf war ein Bein zu sehen, das schnell wieder im Federkleid der Mutter verschwand. Und dann tauchte ein kleines, weißes Köpflein auf und da ein zweites! Zu süß!

Eigentlich hatte ich während der Brut vier Eier gezählt, doch zwei müssen es irgendwie nicht geschafft haben, denn ich konnte sie nicht mehr sehen, und auch in den nächsten Tagen blieb es bei den zwei Küken. Diese wurden immer von dem Elternteil, das gerade nicht mit den Jungen im Nest saß, mit kleinen Fischen gefüttert. Dabei achteten sie darauf, den Fisch mit dem Kopf voran anzureichen, sodass die Kleinen ihn einfacher schlucken konnten. Auch wenn die Fische klein waren, wirkten sie im Verhältnis zu den Haubentaucherküken doch häufig sehr groß, und es war erstaunlich zu sehen, was die Kleinen alles in ihre Schnäbel und durch ihren winzigen Schlund bekamen. Das Nahrungsangebot war hier sogar so groß, dass die Eltern häufiger gar keinen Abnehmer für ihren Fisch fanden und ihn selbst verspeisen konnten.

Zu meinen Lieblingsmomenten gehörte, wenn sich die beiden Eltern am Nest abwechselten. Irgendwann hatte derjenige, der darauf sitzen musste, Hunger. Wenn die Ablösung nahte, begrüßten sich die Eltern lautstark. Beide senkten den Schnabel dicht über die Wasseroberfläche, das Elternteil auf dem Nest musste dazu seinen Hals ganz lang ausstrecken, und dabei gaben sie grunzende Laute von sich, während sie mit der aufgestellten Haube wackelten. Am spannendsten war der Augenblick, wenn der Elternvogel vom Nest aufstand, denn er hatte die Jungen noch auf dem Rücken. Deshalb schüttelte er sich kräftig, bis die Kleinen unter den angelegten Flügeln hervorpurzelten. Dabei landeten sie teilweise im Nest, andere Male kullerten sie über den Nestrand hinaus ins Wasser. Nachdem das andere Elternteil den Platz eingenommen hatte, begann bei den Jungen ein Wettrennen zurück in das warme Federkleid von Mama oder Papa. Dabei wurde auch gerne mal aufs Geschwisterchen gepickt, um sich einen Vorteil zu verschaffen und als erstes unter den Flügeln der Eltern zu verschwinden oder sich den besten Platz zu sichern. Für den Rest der Zeit war von den Jungen nur kurz beim Füttern etwas zu sehen, wenn sie einen Fisch oder eine Feder entgegennahmen. Nur manchmal lugte auch einfach so ein kleiner weißer Kopf aus dem elterlichen Gefieder hervor und schaute sich die noch neue Welt an, bis das Küken zu müde wurde und wieder im elterlichen Federkleid verschwand.

Bei den Haubentauchern habe ich das Stativ ins Wasser gestellt, um möglichst auf Augenhöhe mit den Tieren zu kommen.

← Dieses Blässhuhn sitzt auf dem Nest, seine Jungen kuscheln sich ins Gefieder.

↓ Der Haubentaucher schaut interessiert beim Blässhuhnnest vorbei.

Räuberische Absichten?

Eines Morgens kam ich wie immer auf dem Rückweg zum Auto an einem Blässhuhnnest vorbei, in dem mittlerweile vierzehn Jungen geschlüpft waren. Die schwammen gerade mit ihrer Mutter vor dem Nest herum, als sich der Haubentauchervater aus „meinem" Nest langsam näherte. Der kam wohl den ganzen Fluss bis hierhin herunter, um Futter für seine Familie zu besorgen. Ich war zwar eigentlich im Aufbruch, aber das wollte ich doch noch filmen. Die Blässhuhnmutter ging jetzt ins Nest zurück, doch die meisten Jungen waren davor verstreut. Der Haubentaucher kam immer näher, verschwand plötzlich unter Wasser und tauchte im nächsten Moment direkt vor dem Nest der Blässhühner wieder auf. Ich hatte das Gefühl, dass er sich eins der Blässhuhnküken schnappen wollte. Die Küken hatten sich mittlerweile alle ins Nest zur Mutter in Sicherheit begeben, bis auf eins. Dieses eine paddelte noch vor dem Nest herum und schien sich keiner Gefahr bewusst zu sein. Der Haubentaucher tauchte in den nächsten Minuten immer wieder direkt vor dem Blässhuhnnest ab und wieder auf. Das Auftauchen kündigte sich mit bedrohlichen Blubberbläschen direkt am Nestrand an. Die Blässhuhnmutter putzte sich unterdessen scheinbar unbeteiligt, und schließlich erschien der Vater mit Futter und schwamm auf dem Weg zum Nest genau an dem Haubentaucher vorbei. Während die Küken jetzt gefüttert wurden, verschwand der Haubentaucher flussaufwärts. Ob er wirklich eines der Jungen schnappen wollte? Auf mich wirkte es sehr stark so, gleichzeitig war es aber auch seltsam, dass die Blässhuhneltern so entspannt geblieben sind. So oder so war es ein äußerst spannender Moment.

Der erste Familienausflug

Gerade mal eine Woche später fanden die Haubentauchereltern wohl, dass es nun Zeit für Entdeckungen wurde, denn als ich an diesem Morgen am Nest ankam, war es leer. Ich machte mich sofort erst flussauf-, dann flussabwärts auf die Suche nach der Familie, und über die nächsten zwei Stunden konnte ich sie bei ihrem allerersten Ausflug beobachten und filmen. Dabei entfernten sich die Vögel bis gut 200 Meter flussabwärts vom Nest, bevor sie wieder umdrehten und sich auf den Heimweg machten. Beide Jungen waren die meiste Zeit zusammen auf dem Rücken eines Elternteils, während das andere immer wieder abtauchte und, wenn es mit dem Fischfang erfolgreich war, schnell zum Füttern angeschwommen kam. Wenn das eine Elternteil jedoch keine Lust mehr hatte, die Kleinen Huckepack herumzutragen, schüttelte es sie einfach ab. So konnte ich die zwei jungen Haubentaucher bei ihren ersten Schwimmversuchen filmen. Allzu begeistert vom Wasser waren sie allerdings noch nicht, denn sie wollten am liebsten umgehend zurück auf den erstbesten Elternrücken. Vom festen Nest aus zwischen die Flügel der Eltern zu gelangen ist eine Sache, vom Wasser aus jedoch nochmal eine ganz andere. Meist schafften es die Jungen erst mal nur mit dem Oberkörper auf den steilen Rücken und dann strampelten sie so lange mit ihren Füßen im Wasser, bis sie ganz hinaufkamen. Durch das Strampeln drehte sich das Elternteil so lange im Kreis, bis das Junge wieder oben angekommen war. Das war wirklich sehr witzig anzuschauen.

Unerwünschter Besuch

Als die Familie sich langsam wieder dem Nest näherte, ging ich schon mal vor, um ihre Ankunft dort festhalten zu können. Doch zu meiner Überraschung war am Nest jemand zugange: zwei Blässhühner, die sich etwas weiter oberhalb im Fluss angesiedelt hatten. Sobald die Haubentaucher das erste Mal nach fast zwei Monaten ihr Nest unbeaufsichtigt ließen, schlugen die beiden zu. Denn natürlich gibt es keine einfachere Quelle für passendes Nistmaterial als die Nester anderer Leute. Ein Blässhuhn kletterte sogar hinauf, vielleicht auf der Suche nach bautechnischer Inspiration fürs eigene Heim. Kurze Zeit später bogen die eigentlichen Eigentümer um die Flussbiegung. Sie bemerkten die Eindringlinge sofort und gingen zum Angriff über. Das Elternteil ohne Jungen verschwand unter Wasser und tauchte direkt unter den Blässhühnern wieder auf. Es ließ nicht locker, bis die Blässhühner in die Flucht getrieben und außer Sichtweite waren. Erst dann kehrte die Haubentaucherfamilie ins Nest zurück. Jetzt mussten sich alle erst einmal ausruhen, wobei nicht beide Eltern ins Nest passten, sondern einer davor schwimmend ein wenig herumdöste.

Die Haubentaucherjungen unternehmen einen ersten Ausflug flussabwärts auf dem Rücken ihrer Eltern.

Nach einer Stunde zog die Familie dann aber gleich wieder los und verschwand erneut flussabwärts hinter der Biegung. Ich brauchte noch etwas, um meine Sachen zusammenzupacken. Und während ich noch am Kramen war, kam doch tatsächlich wieder ein Blässhuhn angeschwommen und schnappte sich diesmal erfolgreich einen Ast aus dem Haubentauchernest.

Ich verfolgte die Haubentaucher noch einmal flussabwärts und wechselte dabei häufig Objektive oder vom Stativ aufs Gimbel. Und wenn ich gerade alles eingerichtet hatte, waren die Haubentaucher schon wieder hinter der nächsten Flussbiegung verschwunden, und ich musste schnell alle Sachen zusammenpacken und hinterher. Dementsprechend war ich sehr erschöpft und entschloss mich, als sie schließlich umdrehten und sich auf den Heimweg machten, dasselbe zu tun. Weil ich aber gerade auf der Höhe des Blässhuhnnestes war, filmte ich noch ein wenig die Familie, die mit ihren vierzehn Jungen mittlerweile auch die ersten Ausflüge unternahm, bevor ich endgültig einpackte und ging.

Die Küken wachsen heran

Neun Tage später waren die Haubentaucherjungen so groß, dass sie nicht mehr mit aufs Nest durften. Während sich ein Elternteil darin ausruhte, schwammen die zwei Jungen jetzt unmittelbar davor herum. Dabei gaben sie unablässig piepsende Töne von sich. Selbst wenn sie den Kopf im Rücken zwischen den eigenen Federn vergruben und schliefen, piepsten sie dabei noch vor sich hin. Das andere Elternteil, wahrscheinlich der Vater, kam immer noch angeschwommen und fütterte die Jungen. Selber fischen mussten sie also noch nicht, aber sie waren jetzt auch zu groß, um auf dem Rücken der Eltern herumgefahren zu werden. Das hatten die Kleinen aber noch nicht so wirklich eingesehen, denn in den fünf Stunden, die ich an diesem Morgen mit den Haubentauchern verbrachte, konnte ich die ganze Zeit beobachten, wie sie es wieder und wieder versuchten. Weil sie es aber nicht mehr vollständig auf den Rücken hinaufschafften, schoben sie bei ihren Kraftanstrengungen stattdessen die Eltern im Kreis drehend durchs Wasser. Die schienen in diesen Momenten auch eher von den Kleinen wegzuschwimmen, was das Ganze sehr amüsant machte. Für die Jungen bedeutete das aber, dass sie sehr schnell erwachsen und selbstständig werden mussten.

Als ich eine weitere Woche später wiederkam, waren die Jungen schon fast so groß wie ihre Eltern. Sie schwommen immer noch die meiste Zeit vor dem Nest herum, in dem die Mutter aber schon mit einer zweiten Brut begonnen hatte. Deswegen ignorierte sie die Jungen jetzt vollkommen, die nun bereits ihre ersten Ausflüge ganz alleine unternahmen. Und endlich konnte ich das filmen, auf das ich gewartet hatte: Die Kleinen machten ihre eigenen ersten Tauchversuche. Immer wieder tauchten sie ab, um zu versuchen, selbstständig an Futter zu gelangen. An diesem Morgen konnte ich auch nicht mehr beobachten, dass der Vater die Kleinen fütterte. Im Gegenteil sah es eher so aus, als versuchte er, sie zu vertreiben. Entweder schwomm er den Jungen hinterher oder tauchte ab, wie ich das schon bei den Blässhühnern gesehen hatte, und tauchte pickend unter den Jungen wieder auf, die dann schnell wegschwammen. Noch blieben die Jungen zwar in Nestnähe, doch schon bald würden sie wohl ganz auf sich allein gestellt sein und das Revier verlassen müssen.

Ich bin äußerst dankbar, dass ich diese Familie über die ganze Brutzeit und Jungenaufzucht verfolgen und filmen durfte, und hoffe sehr, dass die beiden jungen Haubentaucher erfolgreich das Erwachsenenalter erreichen.

In den vielen Stunden mit diesen Tieren konnte ich sehr viel über ihr Verhalten lernen, und das viele Draußensein hat außerdem dazu geführt, dass ich noch weitere unerwartete Begegnungen hatte. Zum Beispiel konnte ich die Schwäne und Rehe, die frühmorgens schon unterwegs waren, filmen, und hinter dem Haubentauchernest schwamm an einem Morgen zu Beginn der Brutzeit sogar ein Biber vorbei. Eine wunderbare Zeit.

In wenigen Wochen wird der junge Haubentaucher ganz auf sich allein gestellt sein.

Una

BAUMFÄLLENDE NAGETIERE – BIBER

geschrieben von Una

WASSERSCHUTZGEBIETE BIETEN NICHT NUR einer großen Anzahl an Vögeln, Fischen, Amphibien und Insekten, sondern auch einigen Säugetieren einen Lebensraum. So kann man hierzulande immer häufiger wieder Biber antreffen, die in stehenden oder langsam fließenden Gewässern ihre Dämme und Burgen bauen und dadurch zum Teil das Landschaftsbild in beträchtlichem Ausmaß verändern. Einst waren Biber in ganz Europa weit verbreitet, wurden für Pelz und Fleisch jedoch lange so intensiv gejagt, dass ihr Bestand stark zurückgegangen ist und sie fast überall ganz ausgerottet wurden. Erst durch intensive Schutzmaßnahmen im 20. Jahrhundert konnte sich ihr Bestand wieder etwas erholen und sie kehren langsam in unser Landschaftsbild zurück.

Mit zwanzig bis dreißig Kilo und einer Körpergröße von bis zu 1,30 Meter sind Biber Deutschlands größte Nagetiere. Dabei misst allein ihr abgeflachter, keulenförmiger, von schuppenartigen Hornplättchen besetzter Schwanz um die vierzig Zentimeter. Dieser dient den Bibern beim Schwimmen und Tauchen als Steuerruder, ist an Land eine Stütze zum Sitzen und kann im Sommer, dadurch, dass er ins Wasser gehangen wird, zur Abkühlung beitragen. Im Winter dient er außerdem als Fettspeicher, und wenn Gefahr droht, schlagen Biber mit dem flachen Schwanz auf die Wasseroberfläche und warnen mit diesem lauten Klatschen ihre Artgenossen, bevor sie abtauchen und sich unter Wasser in Sicherheit bringen. Sie können bis zu fünfzehn Minuten unter Wasser bleiben und dabei Ohren und Nase fest verschließen, während die Augen durch ein zusätzliches Augenlid geschützt sind.

Biber sind größtenteils dämmerungs- und nachtaktiv, weswegen du die Tiere selbst nicht so leicht zu Gesicht bekommst. Es gibt jedoch einige Anhaltspunkte, die dir verraten, ob Biber in der Nähe sind. Die sichersten Zeichen sind angenagte Baumstämme und gefällte Bäume. Mit ihren zwei Paar scharfen Schneidezähnen

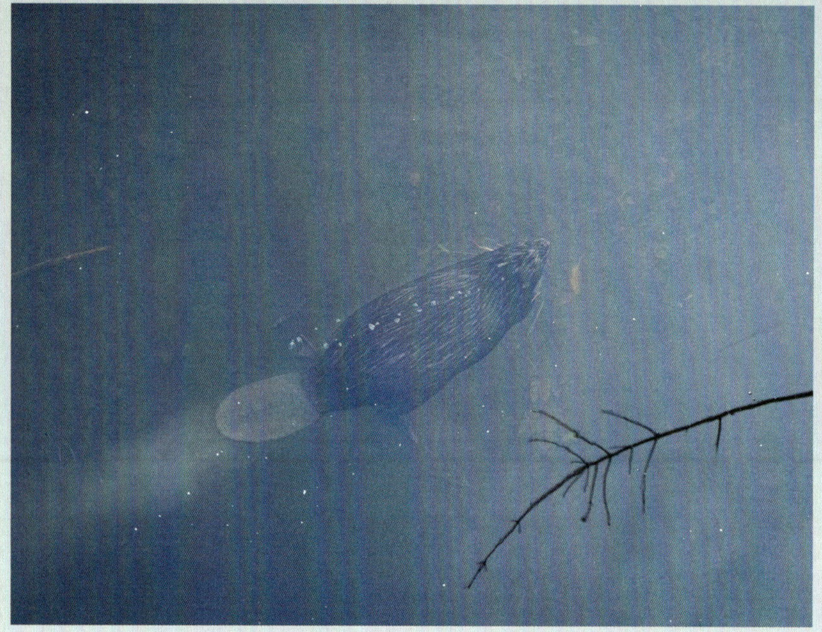

nagen Biber etwa einen halben Meter über dem Boden die Baumstämme an. Dabei arbeiten sie sich rundherum und tragen immer mehr vom Stamm ab, bis dieser wie bei einer Sanduhr nur noch von einer schmalen Stelle zusammengehalten wird und schließlich das Übergewicht bekommt und umstürzt. Baumstümpfe, die wie ein Zwergenhut spitz zulaufen, weisen ganz eindeutig darauf hin, dass Biber hier einen Lebensraum gefunden haben. Die großen Nager fressen nicht das Holz an sich, sondern fällen Bäume, um an die jungen Triebe, Knospen und Blätter der Laubkronen zu gelangen. Dabei bevorzugen sie vor allem Weichholz wie Weiden, Erlen und Pappeln, die außerdem den Vorteil haben, dass sie schnell neu ausschlagen und nachwachsen und so für Nahrungsnachschub sorgen. Auch Gräser und Kräuter werden verspeist. Finden sich Obstwiesen in der Nähe der Wasserläufe, nehmen Biber im Herbst auch Früchte zu sich. Während der Wintermonate dagegen müssen sie vermehrt mit Rinde vorliebnehmen.

Das andere Anzeichen für die Anwesenheit eines Bibers sind aufgestaute Fluss- oder Bachläufe. Ist ein Bach an einer Stelle plötzlich viel breiter und ergießt sich vielleicht sogar über die Ufer? Dann hat bestimmt ein Biber etwas weiter abwärts einen Damm aus Ästen, Zweigen und Schlamm gebaut. Findest du dann auch noch seine Nagespuren, kannst du dir ganz sicher sein.

Biber bauen sich aus Schlamm und Ästen sogenannte Biberburgen. Diese bestehen aus dem Wohnkessel, einer unterirdischen Höhle von etwa einem Meter Durchmesser, und dem Eingang, der zum Schutz vor Feinden immer unter Wasser liegt und nur tauchend erreicht werden kann. Daneben graben Biber in ihrem Gebiet, das sich ein bis fünf Kilometer am Wasserlauf entlang erstrecken kann, noch verschiedene unterirdische Röhren. Diese können nebeneinander liegende Gewässer verbinden, als Fluchtweg dienen oder versteckte Ausstiege an Land bieten.

Biber leben in Familienverbänden, die sich aus den Elterntieren sowie den letzten beiden Jungtiergenerationen zusammensetzen. Die Jungen aus dem Vorjahr helfen bei der Aufzucht ihrer ein bis vier Geschwister, die zwischen April und Juni im Wohnkessel geboren werden und die ihn während des ersten Monats nicht verlassen. Der Nachwuchs von vor zwei Jahren jedoch muss bei der Geburt der neuen Jungen das elterliche Revier verlassen, und bis die Tiere einen Lebenspartner gefunden haben, mit dem sie von da an zusammenbleiben, leben sie erst einmal alleine.

In der Eifel haben Biber bereits mehrere Bäche und kleine Flüsse zurückerobert, aber auch näher an der Stadt sind sie mittlerweile anzutreffen, und seit diesem Jahr haben wir sogar einen Biber bei uns im Wald. Bei einem Spaziergang bemerkten wir eine große Wasserfläche, die uns vorher noch nie aufgefallen war und die sich nicht nur vom Regen gebildet haben konnte. Als wir uns das näher ansahen, entdeckten wir sofort den Damm, mit dem der Biber das Wasser eines eigentlich nur kleinen Rinnsals am Ablaufen gehindert hatte. Und nicht weit entfernt fanden wir auch die charakteristischen abgenagten Baumstämme.

DURCH DIE FLUTUNGEN, die Biber durch ihre Dämme verursachen, schaffen sie auch für viele andere Tier- und Pflanzenarten einen geeigneten Lebensraum und tragen so maßgeblich zur Biodiversität bei. In den von ihnen aufgestauten sogenannten Biberteichen können sich Fische und Amphibien ansiedeln, aber auch eine große Anzahl an Insekten und Vögeln profitiert von den so entstehenden neuen Wasserflächen und Feuchtgebieten.

VERSTECKTE KAMERAS

Wenn ich mit dem Teleobjektiv auf ein bestimmtes Tier warte, benutze ich gerne Actionkameras, wie zum Beispiel GoPros, um zusätzliche Aufnahmen in anderen Perspektiven zu bekommen. Weil sie so klein sind, werden sie von den Tieren entweder gar nicht oder nicht als Störung wahrgenommen, und ich komme mit den Kameras sehr nah an die Tiere heran, wobei ihr Weitwinkelobjektiv interessante Bilder ermöglicht. Mit einer entsprechend großen SD-Karte und einer angeschlossenen Powerbank kann eine versteckte GoPro durchaus mal für sieben oder mehr Stunden konstant filmen. Am besten versteckst du die Kamera so, dass sie zwar eine gute Aufnahme macht, aber nicht im Bild deiner eigentlichen Kamera erscheint. So kann man am Ende Filmaufnahmen aus verschiedenen Perspektiven zu interessanten Sequenzen zusammenschneiden. Besonders nett ist es, wenn ein Tier die Kamera doch entdeckt, sich aber nicht erschreckt, sondern sie interessiert und neugierig untersucht. Da GoPros wasserdicht sind, kann man mit ihnen sogar unter Wasser filmen.

MIT DER GOPRO als kleine versteckte Kamera konnte ich schon viele Perspektiven und Momente einfangen, die mit der großen Kamera nicht möglich sind. Hierzu stelle ich die GoPro mal zwischen Blättern, am Wiesenrand oder sogar unter Wasser auf. Wenn die Kamera entdeckt wird, wird auch gerne mal kurz daran geschnüffelt. Das kann sehr lustig aussehen.

Bei deinen Beobachtungen bist du stets Gast im Revier der Tiere. Sei immer rücksichtsvoll und halte respektvollen Abstand.

Gamander

WO DIE NATUR ANFÄNGT

von Una und Gamander

Relativ häufig passiert es, dass Gamander von Leuten angesprochen wird, die sich wundern, was er da mit so einer großen Kamera tut. Als er einmal in einer Parkanlage an einem Hochbeet einem älteren Herrn erklärte, er würde hier auf Mäuse warten, kam die spontane Rückfrage, ob er denn auch wilde Tiere fotografiere. Wir mussten im Nachhinein noch länger über diese Bemerkung nachdenken, da für uns eine Gelbhalsmaus, obwohl sie sehr klein ist und in diesem Fall im Stadtpark lebt, genauso wild ist wie ein Fuchs oder Bär. Und uns ist klar geworden, dass ein wichtiges Anliegen unseres Buches ist, dazu anzuregen, Begriffe wie ‚Wildnis' und ‚Natur' zu überdenken.

Die Idee einer wilden, im Sinne von unberührten, Natur erscheint uns inzwischen eine Illusion, denn auch an den wenigen Orten, zu denen der Mensch auf den ersten Blick noch nicht vorgedrungen ist, hat unsere Lebensweise Tiere und Pflanzen bereits beeinflusst. Die Folgen der Klimaerwärmung betreffen auch die abgelegensten und unbewohnten Regionen der Erde. Artenvielfalt und Biodiversität schwinden in erschreckendem Tempo und Ausmaß, und Wissenschaftler und Wissenschaftlerinnen sprechen von einem sechsten vom Menschen verursachten Massenaussterben, von dem mittlerweile fast ein Drittel aller Arten betroffen sind.

Natürlich sind Erlebnisse, bei denen wir uns als Menschen gegenüber Tieren einmal in der Minderheit befinden, eine besondere und überwältigende Erfahrung, die uns stark berührt. So etwa, wenn man in Norddeutschland die Kraniche beobachtet, die sich im Herbst versammeln und in riesiger Anzahl auf den abgeernteten Feldern stehen, um sich vor ihrem langen Flug in den Süden noch einmal zu stärken, und sich für die Nacht in den umliegenden Mooren und Feuchtgebieten zusammentun. Wenn der ganze Himmel voller Kranichschwärme und der dunkler werdende Abend von ihren trompetenden Rufen erfüllt ist, fühlt man sich als Mensch klein und unbedeutend und wird an die Wildheit und Macht der Natur erinnert. Ähnlich

erging es uns, als wir im Sommerurlaub in Wales einen Tag auf der Insel Skomer verbrachten, die durch viel Mühe mäuse- und rattenfrei gehalten wird, sodass hier Papageientaucher und Sturmtaucher in unübersehbarer Anzahl nisten und fast jeden Quadratzentimeter der Insel für ihre Bruthöhlen nutzen. Während solche Naturbegegnungen zwar eine andere Qualität haben, als bei einem Spaziergang im Wald hoch oben in den Wipfeln eines Baumes einen Buntspecht zu sehen, sind doch beide von Bedeutung und wichtig. Genau das haben wir versucht in unserem Buch zu zeigen, in dem es vor allem um die Natur vor der Haustür geht, um all die Tiere, die du im eigenen Garten, im Park oder im nächsten Wald und an Gewässern in der Umgebung entdecken kannst. Es ging um die Tiere, die in unserer Nähe leben, und die man mit einiger Übung vielleicht zu häufig sieht, um sie für ‚wild' zu halten und entsprechend wertzuschätzen.

Wir sind der Überzeugung, dass wir Menschen uns fast immer auf irgendeine Weise in Berührung mit der Natur befinden und sich unser Lebensraum fast überall mit dem der Tiere überschneidet. Du musst nicht weit reisen und vielleicht nicht einmal bis in den nächsten Wald fahren, um den ersten Vogel vorbeifliegen oder irgendwo eine Spinne ihr Netz weben zu sehen. Es besteht die Gefahr, dass wir auf der Suche nach der unberührten und spektakulären Natur all die Lebewesen übersehen, die sich direkt vor unserer Nase in unserem ganz alltäglichen Leben tummeln. Für uns ist Natur etwas, das nicht erst außerhalb unseres häuslichen Bereichs, hinter der Stadtgrenze, abseits menschlicher Zivilisation beginnt, sondern bereits der Baum vor unserem Fenster und eine kleine Blaumeise sind ein Stück wilde Natur, die es wert ist, gewürdigt, geschätzt und geschützt zu werden. Naturbegegnungen müssen nicht spektakulär sein, um als solche zu zählen, wir müssen nur lernen, einen neuen Blick für all das Leben zu entwickeln, das sich überall um uns herum finden lässt.

UNA UND GAMANDER LÓPEZ

GAMANDER, Jahrgang 2002, hat für seine Filme zahlreiche Auszeichnungen auf nationalen und internationalen Filmfestivals erhalten. Auf Tiktok und Instagram gibt er sehr erfolgreich seiner wachsenden Followerschaft Einblicke in seine Erlebnisse.

Una und Gamander, ihr beschreibt im Buch die Tiere in eurer näheren Umgebung. Ihr seid aber auch in wilderen Gegenden unterwegs. Hattet ihr da einmal ein ganz besonderes Erlebnis?

UNA: Ein besonderes Erlebnis hatte ich vor zwei Jahren, als wir einige Tage in den Vogesen verbracht haben, um Gämsen zu beobachten und zu filmen. An einem Morgen oben in den Bergen konnte ich wunderbar sehen, wie die Sonne auf der anderen Seite des Tals zwischen den Gipfeln aufging. Und dann ist eine große Anzahl Raben leise krächzend nur knapp über mich hinweggeflogen, dem rotorangen Licht im ansonsten noch graublauen Himmel entgegen. Das würde ich gerne noch einmal erleben.

GAMANDER: Letztes Jahr habe ich mehrere Monate in Finnland verbracht, wo ich Vielfraße, Wölfe und Braunbären gesehen habe. Besonders faszinierend fand ich dort auch die Begegnung mit Gleithörnchen, und ich will unbedingt noch mal mehr Zeit mit diesen Tieren verbringen. Trotz alledem ist das grundsätzliche Glücksgefühl, wenn ich ein Tier beobachten und mit meiner Kamera festhalten darf, immer das gleiche, ob es sich nun um einen Bären oder eine Maus handelt, die unterm Schnee auftaucht.

Um so viele Stunden im Tarnzelt zu sitzen, muss man sehr ruhig und geduldig sein. Was hilft euch dabei?

GAMANDER: Das lange Warten auf manche Tierarten kann durchaus ein sehr mühseliger Prozess sein. Einige Tiere, wie der Eisvogel zum Beispiel, haben die nette Angewohnheit häufig zu rufen, wenn sie fliegend unterwegs sind. Deswegen kann man da beim Warten auch mal zu Buch oder Handy greifen, solange man die Ohren gespitzt hält. Das ist allerdings die Ausnahme, und meistens muss man mit allen Sinnen voll dabei sein, um nichts zu verpassen. Die meiste Zeit verbringe ich deswegen damit, umherzuschauen und mir schon mal schöne Kameraeinstellungen zu überlegen, die sich dann aber leider nicht immer verwirklichen lassen. Und es hilft, etwas tagträumen zu können, so wird einem beim Herumschauen nicht allzu langweilig.

UNA: Wenn ich Gamander begleite, nehme ich immer ein Buch mit, um längere Warteperioden überbrücken zu können. Manchmal zeichne ich aber auch lieber und zwar am besten etwas aus der direkten Umgebung, da ich so immer wieder aufblicken muss und sicherer sein kann, nichts zu übersehen oder zu verpassen.

UNA, Jahrgang 1999, studiert Anglistik und Germanistik in Köln. Sie hat Gedichte und Kurzgeschichten in verschiedenen Anthologien veröffentlicht und gewann mehrere Literaturpreise.

Nachts schon zu starten, um rechtzeitig am Beobachtungsspot zu sein, ist herausfordernd. Was sind eure Gefühle, wenn ihr in der Nacht durch die Natur stapft?

UNA: Es ist nicht immer ganz einfach, so früh aufzustehen; aber wenn ich mich einmal aufgerafft habe, bin ich am Ende jedes Mal froh darüber. Wenn noch keine Autos auf den Straßen fahren, kann man die ersten Vogelgesänge viel lauter und aufmerksamer wahrnehmen, und ich höre dann einfach nur zu und habe selbst gar kein Bedürfnis zu reden. Auch die Luft fühlt sich so früh noch ganz frisch und irgendwie unverbrauchter an als später am Tag.

GAMANDER: Obwohl Aufstehen durchaus herausfordernd sein kann, zumal es im Sommer auch gerne mal drei Uhr in der Früh ist, ist es ein ganz besonderes Gefühl, durch den dunklen und noch stillen morgendlichen Wald zu laufen. Dabei zu sein, wenn ein Vogel nach dem nächsten aufwacht und mit dem Singen anfängt, während das Licht langsam zwischen die Blätter und auf den Boden kriecht, ist eine meiner absoluten Lieblingsstimmungen, die das frühe Aufstehen am Ende immer lohnend machen. Außerdem kann man ja auch noch tagsüber Schlaf nachholen.

Wie reagieren andere Spaziergänger auf dich, wenn du mit voller Ausrüstung anrückst oder im Tarnanzug unterwegs bist, Gamander?

GAMANDER: Meistens werde ich in solchen Situationen gefragt, was ich denn da tue, woraus häufig nette Gespräche entstehen. Oft erzählen mir die Leute dann auch von ihren eigenen Begegnungen mit Tieren. Andere Male fange ich mir aber auch einfach nur ein paar komische Blicke ein. Oder meine Tarnung ist so effektiv, dass ich gar nicht bemerkt werde.

Was war eine besonders kuriose Begegnung mit einem Tier, mit der du nicht gerechnet hast, Una?

UNA: Als wir noch klein waren, haben wir meine Tante in Mexiko besucht, und da hat eine blaue Krabbe an die Tür unseres Ferienapartments geklopft. Einer Krabbe die Tür zu öffnen, war definitiv das kurioseste Erlebnis mit einem Tier.

Studium, Tierbeobachtung, Tierfilmen- und fotografieren unter einen Hut zu bekommen, ist sicherlich nicht einfach. Wie schafft ihr das?

GAMANDER: Das ist tatsächlich sehr schwer mit dem Ausmaß an Zeit, das ich aktuell draußen und in der Nachbereitung am Laptop verbringe. Deswegen muss ich zugeben, dass das Studium bei mir etwas hintenüberfällt und meine Hauptenergie in das Tierfilmen fließt.

UNA: Während des Semesters schaffe ich es häufig nicht so oft, wie ich möchte, raus in die Natur. Dafür versuche ich dann am Wochenende, mehr in den Wald zu gehen. Auch den Urlaub verbringen wir meistens in einer eher ländlichen Umgebung, wo wir viel draußen sein und Tiere beobachten können. Und wenn ich es nicht schaffe, selbst rauszukommen, lese ich zum Ausgleich gerne Bücher, die sich mit Natur befassen.

Viele Menschen in eurem Alter zieht es weniger in die Natur. Oder habt ihr einen anderen Eindruck?

UNA UND GAMANDER: Dadurch, dass die Klimakrise ein immer aktuelleres und durch Aktivistengruppen wie Fridays For Future auch ein sehr präsentes Thema ist, haben wir schon das Gefühl, dass das Umweltbewusstsein und das Wissen um die komplexen Zusammenhänge zwischen menschlichem Verhalten und Natur auch in unserer Generation deutlich zunehmen.

Auf Tiktok und Insta folgen dir Millionen, Gamander. Dort scheinst du mit den tollen Filmen und berührenden Aufnahmen einen Nerv getroffen zu haben. Wie ist es dazu gekommen?

GAMANDER: Der erste Anstoß dazu kam tatsächlich von einem Freund von mir, Luan, der mir erst den Tipp gab, Instagram auszuprobieren und später auch TikTok. Ich habe dann mit Fotos auf Instagram angefangen und 2020 die ersten kurzen Videos über meine Arbeit hochgeladen. Wann immer ich eine schöne Begegnung habe, versuche ich, ein Video darüber zu machen und mein Erlebnis zu teilen. Dabei zeige ich nicht nur die Ergebnisse, sondern auch die Geschichte dahinter, wie ich zu den Bildern gekommen bin. Als ich mit sechzehn angefangen hatte, hätte ich nie erwartet, dass meine Naturaufnahmen so viel Anklang finden würden, und ich bin allen, die meine Arbeit verfolgen und mir nette Nachrichten schreiben, unglaublich dankbar. Und natürlich auch für die ganzen Möglichkeiten, wie zum Beispiel dieses Buch, die sich für mich dadurch ergeben haben.

SCHAU MAL VORBEI!

Auf Social Media versuche ich, die Schönheit der Natur festzuhalten und mit anderen Menschen zu teilen. In der Natur gibt es so viel zu entdecken und zu bewahren. Du findest mich unter *@gamanderlopez* auf Tiktok und Instagram und unter *gamanderlopez.com* auf meiner Website. Una findest du auf Instagram unter *@unalopez_art*

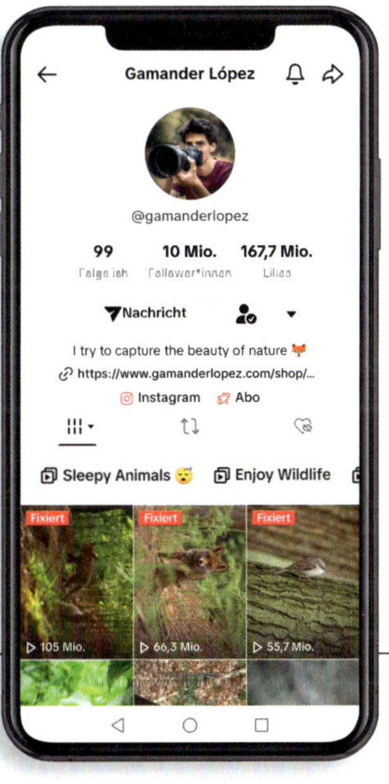

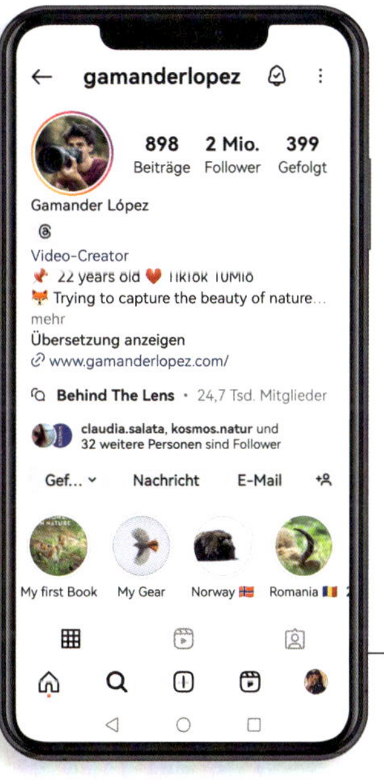

ADRESSEN, MEDIEN UND LINKS

NÜTZLICHE ADRESSEN

Naturschutzbund Deutschland (NABU) e. V.
www.nabu.de

Deutsche Wildtier Stiftung
www.deutschewildtierstiftung.de

| naturschutzbund | Österreich
www.naturschutzbund.at

Pro Natura
www.pronatura.ch

SCHWEGLER Vogel- und Naturschutzprodukte GmbH
www.schwegler-natur.de

Vogel- und Naturschutzbedarf
www.vivara.de

Green Screen Internationales Naturfilm-festival Eckernförde
www.greenscreen-festival.de

Vogelmeldungen
www.ornitho.de
www.naturgucker.de

EMPFEHLENSWERTE MEDIEN UND LINKS

Bücher

Barthel, P. H./Dougalis, P. (2023):
Was fliegt denn da? Das Original. Alle Vogelarten Europas. Extra: Über 188 Vogelstimmen kostenlos mit der KOSMOS-PLUS-App hören. 200 Seiten, KOSMOS

Bürglin, R. (2022):
Die siehst du – Die Tiere um dich herum: Hase, Fuchs & Co. 144 Seiten, KOSMOS

Haft, J. (2023):
Wildnis. Unser Traum von unberührter Natur. 144 Seiten, Penguin

Hecker, F. (2023):
Tiere und Pflanzen deiner Heimat: Beobachtungstipps für Einsteiger – Beobachte, entdecke und erlebe die Natur um dich herum. Über 500 Arten, 576 Seiten, KOSMOS

Hecker, K. & F. (2020):
Meine Vogel-Snackbar. Vogelfutter selber machen. 72 Seiten, KOSMOS

Hecker, K. & F. (2022):
Mach was für Vögel. Do-it-yourself-Ideen, Pflanzen und Nistplätze für Gartenvögel. 72 Seiten, KOSMOS

Hecker, K. & F. (2023):
Mach was für Eichhörnchen. Schnelle Tipps für süße Nager. 72 Seiten, KOSMOS

Khil, L. (2023):
Vögel beobachten. Der praktische Einstieg: Arten finden und unterscheiden lernen. Das Praxisbuch mit vielen Übungen. 128 Seiten, KOSMOS

Lewis-Stempel, J. (2017):
Ein Stück Land. Mein Leben mit Pflanzen und Tieren. 288 Seiten, DUMONT

Lewis-Stempel, J. (2021):
Im Wald. Mein Jahr im Cockshutt Wood. 288 Seiten, DUMONT

Möllers, F. (2010):
Wilde Tiere in der Stadt. Inseln der Artenvielfalt. 173 Seiten, Knesebeck Verlag

Reichholf, J. H. (2007):
Stadtnatur. Eine neue Heimat für Tiere und Pflanzen. 320 Seiten, Oekom Verlag

Singer, D. (2022):
Was fliegt denn da? Der Fotoband. 346 Vogelarten Europas. Vogelstimmen und -filme auf der KOSMOS-PLUS-App. 400 Seiten, KOSMOS

Strauß, D. (2022):
Gartenvögel und ihr geheimes Leben vor unserer Tür. Mit eindrucksvollen Aquarellen von Sandra Lefrançois. Ein Lesebuch mit Anekdoten, Erzählungen, Beschreibungen und vielen Informationen über die Vögel um uns herum. 256 Seiten, KOSMOS

Svensson, L. et al. (2023):
Der Kosmos-Vogelführer. Alle Arten Europas, Nordafrikas und Vorderasiens. Das Standardwerk für die Bestimmung aller Vogelarten Europas und darüber hinaus. 480 Seiten, KOSMOS

Die meisten Kosmos-Bücher sind zudem auch als E-Book erhältlich.

Kosmos-Apps
Der Kosmos-Vogelführer
Vögel Europas bestimmen –
Was fliegt denn da?

SOCIAL MEDIA GAMANDERS FAVORITEN

Instagram
@luca_lorenz_wildlife
@lucamartinez.fl
@pataluth
@jeremievillet

Youtube
@KalleNibbenhagen
@ChrisKaula
@TobiasGjerde
@ollenilsson
@DaniConnorWild

REGISTER

Die fett gedruckten Seitenzahlen verweisen auf Fotos.

A

B

D

F

F

G

H

I

J

IMPRESSUM

Mit 209 Farbfotos von Gamander López-Caparrós Jungmann

Umschlaggestaltung von Claudia Eder, Schönburg, unter Verwendung von Fotos von Gamander López-Caparrós Jungmann.
Die Umschlagvorderseite zeigt junge Füchse.

Der Inhalt dieses Buches ist sorgfältig recherchiert und erarbeitet worden. Dennoch können weder Autorin und Autor noch Verlag für alle Angaben im Buch eine Haftung übernehmen.

Unser gesamtes Programm finden sie unter *kosmos.de*

Über Neuigkeiten informieren Sie regelmäßig unsere Newsletter, einfach anmelden unter *kosmos.de/newsletter*

Gedruckt auf chlorfrei gebleichtem Papier

FSC www.fsc.org MIX Papier | Fördert gute Waldnutzung FSC® C004592

Pfizerstraße 5-7, 70184 Stuttgart
info@kosmos.de

ISBN 978-3-440-17876-8

REDAKTION: Stefanie Tommes
GESTALTUNGSKONZEPT UND SATZ: Claudia Eder, Schönburg
PRODUKTION: Markus Schärtlein
DRUCK UND BINDUNG: Firmengruppe APPL, aprinta druck, Wemding

Printed in Germany / Imprimé en Allemagne